요리하는 배우 김호진의
오픈 키친

요리하는 배우 김호진의

오픈 키친

펴낸날 초판 1쇄 2011년 8월 15일

지은이 김호진

펴낸이 임호준
이사 이동혁 ｜ **편집장** 김소중 ｜ **책임 편집** 윤세미 ｜ **편집** 윤은숙 장재순 나정애 최덕철 권지숙 이민주
디자인 이지선 왕윤경 ｜ **마케팅** 강진수 이유빈 ｜ **경영지원** 김의준 나은혜 ｜ **e-비즈** 표형원 공명식 최승진

펴낸곳 비타북스 ｜ **발행처** ㈜헬스조선 ｜ **출판등록** 제2-4324호 2006년 1월 12일
주소 서울특별시 중구 태평로1가 61 ｜ **전화** (02) 724-7636 ｜ **팩스** (02) 722-9339
홈페이지 www.vita-books.co.kr ｜ **블로그** blog.naver.com/vitabooks

기획 오세은 ｜ **사진** 조은선

ⓒ 김호진, 2011

ISBN 978-89-93357-59-2 13590

• 책값은 뒤표지에 있습니다. 잘못된 책은 바꾸어 드립니다.

요리하는 배우 김호진의

오픈 키친

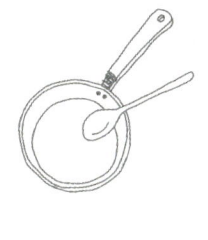

김호진 지음

비타북스

브라보 마이 라이프

2011년은 나에게 특별한 해다. 대학 때부터 CF 모델 활동을 하긴 했지만, 1991년도에 KBS 14기 공채 탤런트로 입사했으니 공식적으로는 연기자 생활을 시작한 지 20년이 되는 해다. 또 연예계에 정식데뷔한 지 10년 만인 2001년에 결혼을 했으니, 올해 10주년 결혼선물도 준비해야 한다. 뿐만 아니다. 딸 효우가 초등학교에 입학하며 나에게 학부모 자격을 부여했고, 샤아99를 오픈한 지 1년이 되는 해이기도 하다. 이 책을 쓰게 된 것도 모든 기념일들을 한데 모아 자축하고 싶었기 때문이다.

어려서부터 요리를 좋아했고 유난히 관심아 많았던 김호진이 요리를 취미로 한다! … 여기까지 만족하며 살던 시절이 있었다. 하지만 언젠가부터 갈증이 생겼다. 2% 부족한 부분을 채우기 위해 조리사 자격증을 따기 시작했고, 그 과정을 즐기며 자연스레 오너셰프가 됐다. 그래도 아직 많은 사람들

은 내가 요리를 한다는 사실이 믿기지 않는 모양이다. 일부러 조리복을 입고 손님들에게 인사를 해도, "어머, 김호진 씨가 직접 요리하세요?"라며 묻는 사람들이 제법 되는 걸 보면 말이다.

나는 요리를 한다. 아니, 솔직히 말해 꽤 잘한다. 이야기가 있는 요리! 작정하고 만들진 않았지만 자연스런 멋이 느껴지는 요리! 흔치 않지만 손쉽게 해먹을 수 있는 요리! 바로 김호진의 스타일이 살아 있는 요리 말이다. 물론 이해한다. 20년을 배우로 살아온 내가 뭘 해도 연기하는 것으로 보일 수 있다는 걸…. 요리가 연기를 제치고 본처가 될 수 없다는 것도 말이다.

그렇지만 나, 김호진은 분명 '샤야99'에서 맛으로 진검승부하며 요리에 대한 욕심을 갈고닦는 중이다. 이 책은 그런 이야기들의 기록이기도 하다. 샤야99에서의 지난 1년은 배우라는 계급장을 떼고 또 다른 미지의 세계에 겁 없이 뛰어든 시간이었다. '배우 김호진'은 20년간 쌓아온 브랜드가 있지만, '셰프 김호진'은 강호의 세계에서 나만의 브랜드를 새롭게 만들어야 했다. 셰프 김호진이라는 브랜드… 해답은 가까운 곳에 있었다. '쉽고 맛있고 재밌는 요리!' 바로 그거였다. 나는 요리란 기본적으로 쉬워야 하고, 맛있어야 하고, 재밌어야 한다고 생각하는 사람이다. 쉽게 했는데 맛있으면 또 그것만큼 좋은 게 없다. 재료 선정에서부터 요리 과정까지 접근이 쉽고, 호기심이 일어 먹어보고 싶고, 먹었더니 맛있어서 또다시 재밌게 만들 수 있는 요리 말이다.

나는 원래 뭔가 작정하고 뛰어드는 걸 별로 좋아하지 않는다. 우연히 하게 됐는데, 하다보니 재밌고, 그러다보니 어느새 프로페셔널이란 말을 듣게 되길 바란다. 부러 멋내지 않아도 자연스런 멋이 풍기는, 느낌 있는, 에너제틱하고 귀엽고 유쾌한 사람이 되고 싶고, 나이 들어도 그런 말을 들을 수 있게 살고 싶다. 20년 차 배우 김호진이 1년 차 새내기 요리사 김호진에게 '브라보 마이 라이프'를 외치고 싶은 이유다.

따지고 보면, 레스토랑을 꾸려가는 내내, 나를 행복하게 한 것도 힘들게 한 것도 모두 요리가 아닌 사람들이었다. 매번 격려만 받았던 건 아니다. 의외의 사람들이 찾아와 인연을 맺기도 하지만, 한편으로는 친했던 사람들과 소원해지는 경험도 해야 했다. 그래도 샤야 식구들이 늘 함께해줬기에 외롭지 않았고 고된 시간들도 견뎌낼 수 있었다. 세상에 혼자 잘나서 해낼 수 있는 일은 많지 않다. 서로 믿고 도움을 주고받을 줄 알고, 감사할 수 있어야 한다. 지금의 샤야99가 있기까지 함께 땀 흘리며 울고 웃어준 샤야 가족들에게 책을 통해 이런 나의 고마운 마음을 전하고 싶다.

Part 02　요리는 **쉬워야 한다**

Part 03   요리는 **맛있어야 한다**

Part 04 요리는 **즐거워야 한다**

PART 01

요리하는 남자

나는 남자다. 나는 배우다. 나는 아들이고, 남편이며, 아빠다.

그리고, 나는 요리사다.

톡 쏘는 냉면 국물을 안주삼아 소주를 즐길 줄 아는 남자고,

식도락을 자처하며 거침없이 맛기행에 오르는 배우이고,

어머니의 김치 맛에 중독된 아들이고,

지호의 취향에 맞춰 국수 찾아 삼만리를 마다 않는 남편이고,

크림파스타를 좋아하는 효우를 위해 툭하면 앞치마를 두르는 아빠이며,

일곱 개의 조리사 자격증 덕에

세계 어느 나라를 가도 굶어죽지 않을 자신이 있는 요리사다.

난 지금 행복하다.

김호진,
오너셰프가 되다

시작은 키친 스튜디오 한번 가져보고 싶은 욕심에서였다.

아는 지인들과 3년 가까이 매달 키친 스튜디오를 빌려 파티를 열다보니,

나도 이런 공간을 가지면 얼마나 좋을까,

집 부엌 같은 곳에서 편하게 즐기며

요리 아이디어를 내보면 어떨까,

프라이버시가 지켜지면서도 전문적인 나만의 공간이 필요하겠다는 생각이 들었다.

그렇잖아도 어느 기자에게 김호진만의 키친 스튜디오를 갖고 있으면

책 만들 때 좋을 것 같다는 얘길 들었던 참이었다.

이렇게 점점 욕심이 증폭되던 차에 우연히 만난 곳이 남산이다.

조금만 걸어 나가면 남대문 시장이고 시내도 코앞이지만,

오히려 남산 소월길에 들어앉은 이 장소는

한가롭고 비밀스런 매력을 양껏 발산하고 있었다.

놓치기 싫어 덜컥 구입하긴 했지만, 운영하려니 문제가 좀 있었다.

한 달에 한 번 파티하자고 키친 스튜디오를 마냥 놀려둘 수도 없고,

책 작업만 할 수도 없었다. 레스토랑을 한번 해볼까?

나 자신도 몰랐는데, 누군들 내가 레스토랑을 하게 될 줄 알았겠나!

다행인 것은, 계획한 건 아니었지만, 준비는 늘 돼 있었다는 거다.

인생 참 재미있다. 그저 키친 스튜디오 한번 가져보고 싶은 욕심에서 덤빈 곳이

어느새 레스토랑이 된 걸 보면….

처음, 레스토랑을 해보겠다고 했을 때 찬성한 것은 지호뿐이었다.

내 끼와 에너지, 그리고 고집을 잘 알아서였을까?

레스토랑을 하기에 앞서 스스로에게 다짐한 말이 있다.

"내가 좋아하는 일을 하는 거니까 절대 스트레스는 받지 말자!"

요리를 잘하는 사람은 기술적인 부분에 대한 욕심이 앞설 테고,

요리를 좋아하는 사람은 요리가 잘 안되면 속상할 테니,

이런저런 스트레스 받지 않고 즐기며 요리를 해보고 싶었다.

감사한 것은, 인덕이 따라줘서 좋은 친구들과 즐겁게 일할 수 있었다는 거다.

샤야 식구들이 없었다면, 지금의 샤야99도 오너셰프 김호진도 없었을 것이다.

요리를 즐기고 싶은 마음, 재미있는 놀이터 같은 공간을 만들어가고 싶은 생각이 서로 통하는

실력 좋은 친구들, 든든한 스텝들과 함께 샤야99의 문을 열게 됐다.

사실, 레스토랑을 오픈하기 전까지는 걱정의 연속이었다.

"형! 사람들한테 가서 인사하고 서빙도 하고 해야 하는데, 할 수 있겠어?"

그래… 평소 내성적이고 까칠하기까지 한 내 성격을 고려한 걱정들이었다.

배우로서 팬들의 사랑을 받기만 한 내가 이제는 고객들을 최고로 대접해야 하는 위치에 서야 하는 것이다.

"레스토랑을 하면 이런저런 사람들 다 올 텐데,

형 혼자서 어떻게 감당하려고 그래?"

맞다… 처음엔 혹시라도 문제가 생길까봐 겁도 났다.

힘 꽤나 쓴다는 사람들을 고용할 생각까지 했으니 말이다.

착하고 좋은 배우 이미지에 흠이 갈까 망설여지기도 했다.

하지만, 내 안에 있는 또 다른 나를 인정하고 도전해보기로 했다.

또 다른 나의 모습들은 생각보다 빨리 찾아왔다.

정신없이 주방에서 요리를 하다보니 손님을 가리지 않고 달려 올라가 자랑을 하고 싶어졌기 때문이다.

요리는 연기와 다르지 않았다.
팬들에게 내 연기를 인정받기 위해 열심히 달려왔듯,
고객에게 내 요리를 인정받기 위해
진심을 다해 달려가기만 하면 되는 거였다.

에이프런 두른 모습으로 반가운 친구를 맞기 위해 현관으로 마중 나가고 싶을 만큼…!

사람들의 우려를 불식시킨 건, 요리에 대한 열정 때문이었을 것이다.

샤야99를 알게 된 고객들이 비껴갈 수 없는 호기심 하나!

그건 바로 돈은 좀 버느냐는 거다. 대부분은 임대료와 음식 값과 고객 수와 종업원 수를 머릿속에 넣고

주판알을 굴릴 수밖에 없을 것이다. 하지만, 돈에 초월하고 싶었다.

손해만 보지 말자는 데서 스스로 합의를 봤다. 그런 내 맘을 알았는지,

이곳을 찾는 사람들은 팔아줘야 한다는 의무감보다는 같이 놀고 즐기고픈 마음을 먼저 챙겨온다.

'즐거움'을 찾아 샤야99에 오신 분들은 번지수를 제대로 찾은 거라고 감히 말할 수 있다.

오픈 1주년이 다가오자 내 마음에도 변화가 찾아왔다.

이젠 내가 즐거워서 하는 요리뿐만 아니라, 고객의 오감을 즐겁게 하는 요리를 고민하게 된 것이다.

사람들이 내 요리를 맛있어 하고 좋아하니까 점점 책임감이 생기기 시작했다.

'제대로 된 요리를 하고 싶다!' 고객의 입맛을 의식하게 된 이후부터 고객들이 너무나 고맙고 소중했다.

샤야99를 찾는 사람들에게 최고의 시간을 만들어주고 싶다.

첫 방문은 탤런트 김호진에 대한 흔한 호기심으로 시작했다 하더라도,

두 번째 방문부터는 요리사 김호진에 대한 믿음과 설렘으로 가득 차 있기를 바라며

오늘도 즐거운 마음으로 주방을 향한다.

그랜드슬램을
달성한 남자

총각 때는 몰랐다.

작품이 들어가면 밤낮없이 촬영하고, 일이 없을 땐 집안에서 뒹굴거리며,

먹고 싶을 때 먹고 자고 싶을 때 자면 됐으니까.

하지만, 누군가의 남편과 아빠가 되고 나니 사정이 달라졌다.

베짱이처럼 혼자 영화도 보러 다니고, 친구들과 술 한잔하는 것보다는 좀 더 건설적인 일이 필요했다.

뭔가 배워보자! 스포츠? 그건 평소 즐기는 것만으로도 충분했다. 그럼 대학원을 갈까? 어학공부를 해볼까?

생각은 많았지만 딱히 마음을 정하지 못하고 있던 차에 '요리'를 떠올리게 됐다.

요리라면 평소 즐기던 분야라 특별한 마음의 준비가 필요 없었고, 내 스타일을 살릴 수 있을 것 같아 매력 있었다.

때마침 지인이 집 앞에 있는 요리학원에서 하는 '한식조리사 자격증반'을 권유했고,

가벼운 마음으로 시작한 한식 클래스에서 열 명 남짓한 학원생들과 함께 요리공부의 삼매경에 빠져들었다.

하지만, 학원생들 중 가장 잘한다는 소리를 들어가며
자신감 충만한 상태로 친 첫 번째 조리사 자격증 시험에서
고배를 마셔야만 했다.

그것도 클래스 동료들 중 나만 떨어졌다. 한마디로 잘난 척하다가 떨어진 것이다.

아마도 그때 그만뒀으면 요리사의 꿈을 접었을지도 모른다. 그런데 오기가 생겼다.

오히려 첫 시험에서 떨어진 경험은 내가 '조리사 자격증의 그랜드슬램'을 이루도록 부추기는 힘이 됐다.

한식, 복요리, 중식, 양식, 일식, 제과, 제빵까지 일곱 개의 자격증을 따는 동안

총 아홉 번의 시험결과를 확인해야 했는데, 그중에서도 급하게 재접수한 한식시험은 잊을 수가 없다.

결과는 발표 당일 새벽 12시부터 ARS로 확인할 수 있었다.

060-777-0000 … 꾹꾹 누르는 손가락이 떨렸다. 깊은 정적을 깨고 상쾌한 목소리가 들려왔다.

"축하합니다~ 합격입니다."
낯설고 생소했지만 설레던 순간!

첫 번째 자격증은 첫딸을 품에 안을 때처럼 그렇게 내 손에 쥐어졌고,

새롭게 걸어갈 요리의 여정에도 청신호가 켜졌다.

그러나 요리를 배우는 과정은 녹록치 않았다.

복요리 조리사 과정을 준비하면서, 연습 내내 냉동복어가 녹으면서 풍기는 비린내에

얼마나 시달렸으면 시험이 끝나고 1년 동안은 복어 근처에도 안 갔다.

일식집 주방장도 떨어진다는 복요리의 진수는 칼질이다.

시험장에는 수많은 일식집 주방장들이 자기 상호가 드러난 조리복을 입은 채 기선을 제압하고 있었다.

생애 최고의 긴장감!
손이 덜덜 떨렸다.
칼질이 되지 않았다.
욕이 막 튀어나왔다.

한식은 멋모르고 도전했지만 복어는 아니었다.

시험이 뭔지 좀 알게 됐고, 그만큼 두려움도 알게 된 때였다.

아무튼 나중에 알게 된 사실은 80여 명의 수험자 중 합격은 나 하나였다는 거다.

굉장히 어려운 시험이긴 했나보다.

그나저나 큰일을 저질렀다.

그 어렵다는 한식과 복요리 조리사 합격증은 내 요리 열정에 휘발유를 부은 격이었다.

한참 요리에 물이 올랐을 때,

나는 남은 세 개의 조리 자격증을 한꺼번에 마무리 짓고 싶었다.

종로에 있는 한솔요리학원 주말반에서

세 가지 코스를 모두 배울 수 있었는데,

당시 시간표를 보면 지금도 놀랍다.

시간표
토 : 오전 10시 ~ 오후 2시 (중식)
　　오후 2시 30분 ~ 오후 6시 30분 (양식)
일 : 오전 10시 ~ 오후 2시 (일식)
　　오후 2시 30분 ~ 오후 6시 30분 (양식)

살인적인 스케줄 탓에 점심 먹는 것은 고사하고

앉을 시간마저 없었지만,

무서운 집중력으로 고단함을 이겨냈다.

들려오는 이야기로는 아직까지도 나처럼 주말반 세 개를 한꺼번에 수강하고

시험을 한 번에 모두 붙은 기록은 없다고 한다.

우리 반을 맡았던 이금옥 선생님은 내가 당신보다

더 침착하게 잘 만들어내는 모습을 보고 깜짝 놀라셨다며

지금도 학생들에게 김호진이 진짜 요리를 잘한다는 얘기를 종종 하신다고 한다.

요리(cooking)와 제빵제과(baking)는 다른 분야지만, 내친 김에 도전했다.

돌이켜보면, 그때는 요리에 대한 나의 호기심과 열정이

최고치를 기록하는 중이었고 시험 보는 일도 은근히 즐기고 있었다.

청주에서 재시험을 치른 제빵을 마지막으로,

아홉 번에 걸친 도전과 일곱 개의 자격증 이야기는 끝이 난다.

처음부터 거창한 목표를 정하지도 않았고,

모든 걸 포기해가며 이뤄낼 만큼

비장한 각오를 했던 것도 아니었지만 해내고 나니 뿌듯했다.

그래서일까? 금의환향하여 카퍼레이드를 벌이는 올림픽 금메달리스트처럼

'우리나라 스포츠 발전을 위해 평생을 바치겠다'는 식의 포부는 없다.

대신, 5년여에 걸친 도전기는 좀 엉뚱한 방향으로 자신감을 갖게 했는데,

첫째, 전 세계 어딜 가더라도 여권과 일곱 개의 조리사 자격증은 꼭 소지하기로 마음먹었다.

(외국에서 한국조리사자격증이 통하진 않겠지만…^^;;)

산 설고 물 설은 곳에 가더라도 굶어죽지 않을 자신이 있다.

어디에 가서든, 분야에 상관없이 작은 음식점 하나쯤은 열 수 있는 배짱이 생겼기 때문이다.

둘째, 천재지변이 심심찮게 일어나고 있는 요즘,

비상시엔 언제든 피해지역으로 달려가서 도움을 주고 싶다.

많은 인원의 식사를 최선을 다해 맛있게 해낼 자신감 또한 생겼기 때문이다.

父전女전,
꼬마 요리사

요리에 대한 나의 호기심은 언제부터 생겼을까?

아마도 구슬치기를 해야 할 손으로 조리도구를 들었던 일곱 살 무렵이지 싶다.

유치원 친구 집에 놀러갔던 나는 친구 어머니가 내오신

간식 하나로 새로운 맛의 세계에 눈을 뜨게 된다.

이름도 고상한 '프렌치 토스트'!

그 촉촉하고 보드라운 맛에 홀딱 반해버린 것이다.

집에 돌아온 나는 항상 부엌에 있었던 걸로 기억하는 식빵을 서둘러 준비했다.

마음만 앞선 꼬마 요리사의 모험은 이렇게 시작됐다.

우유에 한 번 풍당~, 덜 풀린 달걀물에 또 한 번 풍당~.

무슨 기름으로 프라이팬에 구워냈는지는 기억에 없지만, 아무튼 비슷하게 흉내 낸 나의 첫 작품,

'프렌치 토스트'를 맛보며 좀 실망했던 기억은 생생하다.

돌을 씹어도 소화시킬 수 있을 만큼 왕성한 식욕을 자랑하던 중고등학교 시절에는

허기질 때마다 든든한 간식이 되어준 '라면'에 몰두했다.

어떻게 하면 라면을 맛있게 잘 끓일 수 있을까?

자나 깨나 라면 조리방법을 연구하며 팔팔 끓는 물에 찬물도 넣어보고, 달걀도 풀어서 넣었다가

그냥 넣었다가 삶아서 얹어도 보고, 파도 썰어 넣었다가 마늘도 첨가해보고,

치즈와 우유로 퓨전식 라면도 만들어보는 등 대단한 집중력과 탐구심을 발휘했다.

요리에 대한 나의 관심은
내 딸 효우에게 자연스럽게 전해진 것 같다.

어느새 프렌치 토스트에 반했던 꼬마 요리사 김호진의 나이가 된 효우가

이모집에서 맛본 케이크를 재현하기 위해 반죽을 온 집안에 묻혀 놓고,

아빠의 파스타 요리를 흉내 내느라 집안의 양념통을 죄다 꺼내 놓는 것도 모자라,

이젠 사과가 먹고 싶을 때마다 과일칼을 들고 서툴게 껍질을 벗겨내며 신이 나 하는 걸 보면 말이다.

사람들은 효우의 외모가 엄마보다는 아빠를 많이 닮았다고들 하는데, 난 고사리 손을 바쁘게 움직이며

요리를 흉내 내는 효우를 보면서 나를 진짜 닮았구나… 생각한다.

프렌치 토스트 만들기

식빵 2장, 달걀 1개, 우유 5Ts, 생크림
2Ts, 설탕 1ts, 소금·후추·버터 약간을
준비한다.

먼저 그릇에 달걀을 깨어 넣는다. 그리고
우유, 생크림, 설탕, 소금, 후추를 넣고
달걀 알끈이 잘 끊어지게 섞은 뒤 식빵
을 앞뒤로 충분히 적셔서 버터 녹인 팬
에 굽는다. 완성된 토스트를 블루베리를
뿌린 메이플시럽에 콕 찍어 먹는다.

일곱 명의 남자들,
맛기행을 떠나다

요리를 하는 것도 그랬지만 맛에 대한 탐닉에도 어린 시절부터 남다른 데가 있었다.

마음 맞고, 시간 맞는 친구들끼리 별다른 약속 없이 훌쩍 떠나기도 하고

야심찬 맛기행을 계획해서 떠나기도 했으니까.

맛기행에는 늘 고통이 따른다.

맛의 질을 찾아 떠나도 언제나 그 양에 질려 돌아오기 일쑤다.

누구보다 음식을 좋아하는 나지만 식도락 여행의 가장 힘든 점 중 하나는 배부름을 견디는 일이다.

배가 부를 때마다 나 자신이 바보 같고 미련해 보이고, 한심해 보이기까지 하지만,

그럼에도 맛기행은 하루 대여섯 끼 정도는 감수해야 할 즐거운 고통이다.

먼저, 식도락가는 상한 것을 제외한
모든 맛과 향을 즐길 준비가 돼 있어야 한다.

쿰쿰하고 톡 쏘는 냄새 때문에 홍어회를 싫어하는 사람도 많지만,

나는 그것 때문에 사랑한다.

비린내 난다고 과메기를 멀리하는 사람도 있지만,

나는 그 맛에 먹는다.

스페인어로 실란트로(cilantro)라고도 하는, 쌀국수에 들어가는 향신료인 고수 잎도

멀미난다며 싫어하는 사람들이 많은데, 나는 그런 사람들 거 다 걷어서 먹을 정도로 매니아다.

알고 보면 그리 비싼 취향도 아니다.

떡볶이나 냉면도 소문난 곳이라면 어디든 찾아가야 직성이 풀리는 걸 보면 말이다.

하지만, 알약 하나로 식사가 대체되는 그날을 손꼽아 기다리는 사람도 있고,

요리하는 자체도 싫고 누가 부엌에서 요리하는 모습도 꼴보기 싫다는 사람이 있는 걸 보면

세상엔 참 다양한 사람들이 살고 있는 거다.

뭐 어떠랴! 모두 다 요리하는 걸 좋아하고 먹는 걸 즐길 필요는 없지.

싫고 좋은 데 따로 이유가 있을까!
그래서 나 같은 사람이 요리를 하고 맛기행을 떠나는 거다.
그저 좋아하니까.

한번은 친구들 일곱 명이 9인승 카니발을 빌려 타고
목포를 거쳐 광주까지 당일치기로 식도락 여행을 떠났다.
친구들 귀에 못이 박일 만큼 자랑했던
목포 꽃게무침이 그날의 하이라이트가 될 예정이었다.
출발이 새벽이어서 차 안에서 먹을 간단한 요리까지 준비해간 터라,
아침 일찍부터 요란한 식탐은 시작됐다.
목포에 도착한 우리는 갈치조림을 잘하는 집에서 아침을 해결하고,
소화도 시킬 겸 신안 앞바다에서 배를 타고 한 바퀴 돌았다.

또 한 끼 즐길 준비를 마친 뒤, 열두 시부터 꽃게무침을 먹기 시작했는데…
역시나 꽃게는 우리를 실망시키지 않았다.
친구들은 이미 거기서부터 허리띠를 풀었다.
다음 식사를 생각할 겨를도 없을 만큼 기막힌 맛이었다.
목포에서 광주까지는 한 시간 거리. 전라도에서는 '부서'라고 하는,
굴비처럼 말린 생선 요리를 맛있게 하는 한식집이 있어서 찾아갔다.
원래 광주 한정식은 상다리가 부러질 정도로 나온다.
이때부터는 먹는 일이 곤욕이었다.
배가 부르면 미각도 마비되는 법. 내 기억으로는 한정식을 먹다가
다들 중간에 포기했던 것 같다.

그때 풀었던 허리띠로 단단히 연결된 식도락 동지들….
같은 추억을 가진 7인의 남자들이
샤아99의 1주년 파티 때 다시 뭉쳤다.
누가 먼저 시작했는지 그때 얘기들로 시간 가는 줄 몰랐고,
다음 맛기행을 구상하느라 떠들썩했던 그날 밤!
샤아99의 불빛은 밤늦게까지 꺼질 줄 몰랐다.

그러고 보면 음식이란 녀석은 참으로 신기하다.
아스라이 잊혀질 법도 한 수많은 추억들을 시간이 지나도
또렷하게 기억나게 해주니 말이다.

풋고추 달걀말이 만들기

달걀 2개, 청양고추와 풋고추 1개씩, 우유 1ts, 미림1ts, 소금1/2ts, 설탕1/2ts, 후추 약간과 포도씨유, 케첩을 준비한다.

먼저, 청양고추와 풋고추의 꼭지를 딴다. 반으로 가르고 스푼으로 가운데 심과 씨를 모두 발라낸 뒤 잘게 다진다. 이제, 달걀은 알끈이 없도록 잘 풀어준다. 풀어놓은 달걀에 우유, 미림, 소금, 설탕, 후추를 넣고 잘 섞어준 다음, 여기에 다져놓은 고추를 넣는다.

팬에 포도씨유를 두르는데, 달걀을 구울 때는 팬에 살짝 기름칠한 정도가 좋다. 팬에 달걀물이 얇게 펼쳐지도록 부은 다음, 어느 정도 익어가면 젓가락을 이용해 돌돌 말아준다. 기호에 따라 먹음직스러운 색깔이 나오면 팬에서 꺼내 먹기 좋은 크기로 자르고, 케첩을 함께 낸다.

울엄마의
레시피를 탐내다

엄마는 손이 크다. 웬만한 종가집 맏며느리도 울고 갈 수준이다.

본가에 있는 냉장고 다섯 대의 누진세와 엄마의 인심이 거의 비례할 수준이니 누가 말릴 수 있을까.

일반 냉장고 두 대와 김치 냉장고 두 대, 거기에 냉동고 한 대까지.

에너지 절약과는 좀 거리가 있지만 이것도 당신 사시는 방법이니 따로 뭐라 할 수도 없고.

암튼 곳간에서 인심 난다고 잘 손질된 각종 봄철 나물들은 이듬해까지도 맛볼 수 있을 만큼

넉넉히 냉동고 속에서 온전하게 겨울을 나고, 직접 말려 빻은 오리지날 태양초도 김장철이면

이집 저집으로 바쁘게 배달된다. 그뿐이랴! 몇날 주워온 도토리로 묵이라도 쑤는 날이면,

당신과 크고 작은 인연 닿은 집안에선 어김없이 도토리묵이 찬으로 올라온다 해도 절대 과장이 아니다.

예기치 않게 손님들이 들이닥쳐도 한상 가득 멋지게 차려내는 것 또한 울엄마의 기술을 넘어선 마술이다.

우리가 기억하는 전형적인 한국 어머니의 솜씨와 인심이
바로 엄마의 '큰 손' 아닐까.

"엄마, 이 요리는 어떻게 만든 거야?" 뜬금없이 요리비법을 탐내는 아들의 물음에

"그냥 참기름 넣고 들들 볶으면 되야~." 늘 충청도식 답변이다.

"그래도 뭐 좀 특별하게 양념하는 거 아냐?"

성질 급한 사람은 숨넘어갈 때쯤에 "그냥 대~충 간보면서 모자란 거 더 넣으면 되지 뭐어~."

처음에는 당신이 무슨 특별한 비법이 있나 싶었는데

나도 살며 겪다보니 어찌 손맛을 계량화할 수 있었겠나 싶다.

늘 곁에 있어 해주는 걸 먹을 수도 없는 처지고, 직접 만들면 꼭 뭔가 부족하고….

하는 수 없이 요즘도 엄마 곁을 맴돌며 입맛만 다실 수밖에.
그러다 최근 내가 밝혀낸 엄마의 필살기는
의외로 아주 평범한 곳에 있었다.

평소 소홀하게 여기는 물과 뚜껑이다. 물이 기름 대신할 수 있는 역할이 있다.

말린 나물을 물에 불렸다가 기름에 볶을 때도 흔히 잘 안 익었다 싶으면 기름을 더 넣곤 하는데,

이때는 물이 해결사로 나서야 한다. 물로 식재료의 익힘 정도를 조절하는 거다.

물은 재료의 수분을 유지해주면서 잘 익혀준다.

달걀프라이를 부칠 때도 물을 조금 넣으면 가장자리만 타는 걸 방지할 수 있고, 부드러운 맛을 즐길 수 있다.

또 절묘한 타이밍이 돋보이는 냄비뚜껑 운전은 결코 재료의 차이로는 설명할 수 없다.

왜 내가 무친 나물은 뻣뻣하고 양념이 골고루 배지 않는지,

어째서 엄마의 손을 거친 나물은 보들보들하고 맛이 일정한지!

고수는 말로 가르침을 주지 않는다 한다. 그래도 배우려는 열의로 곁눈질 하다보니 눈에 들어오는 게 있다.

냄비뚜껑을 여닫는 타이밍이야말로 요리의 질이 결정 나는 순간이라는 사실!

물론 초절정 내공을 흉내 내기엔 아직도 내 수양이 턱없이 부족하지만,

샤야99에서 요리로 진검승부하며 갈고닦다보면 하산할 날이 오지 않을까!

엄마는 선문답하듯 요리를 한다.
그래서 도저히 요리를 배울 수 없다.
대신 수없이 불에 데고, 칼에 베이고, 소금에 절여진 엄마의 투박한 손을
세상에 단 하나밖에 없는 레시피라고 여기기로 했다.

가끔 샤야99에 온 손님들에게 엄마표 김치를 서비스로 제공하는데, 물론 그 반응이 폭발적이다.

그런 엄마표 김치 맛에 평생 중독돼서 살아가게 해주셨으니 얼마나 행복한 일인가!

뚜껑과 물의 비밀을 레시피 한 장으로 정리할 수 없듯이, 당신의 은혜와 사랑의 크기를 감히 내가 정의할 수 없듯이,

엄마의 '큰 손'과 냄비뚜껑 운전 실력 또한 어떤 논리로도 자격으로도 설명할 수 없는 멋진 불가사의다.

우리 아빠는
요리사입니다

파스타를 싫어하는 아이들은 별로 없다. 물론 효우도 파스타라면 밤하늘의 별처럼 두 눈을 초롱거리며 식탁에 앉는다.

크림파스타, 브로콜리파스타….

하지만, 실은 집에서는 될 수 있으면 간단한 건강식을 해서 먹이는 편이다.

어릴 때부터 아이 식단을 따로 만들지 않았다.

나물과 된장찌개에 김치를 얹어 주고 생선을 발라 먹이며 어른 식단과 다르지 않게 키웠다.
너무 손 많이 안 가면서도 편하게 구할 수 있는 재료로 그 맛을 살릴 수 있는 가정식.
다른 음식은 사 먹을 수 있지만, 가정식은 쉽지 않다. 또, 효우가 입이 짧았다면 다른 음식을 해서라도
아이 비위를 맞춰가며 식사 준비를 했겠지만, 의외로 아빠의 마음을 잘 헤아리며 따라와준 고마운 딸이다.

지금도 효우는 어디 가면, 소스 있는 음식은 잘 못 먹는다.

신선한 재료 맛을 즐기라고 어릴 때부터 소스 없이 먹여온 탓이다.

막 무친 나물은 손가락 두 개를 이용해서 순식간에 먹어치울 정도로 좋아한다.

취나물의 향기를 즐길 줄 알고, 두릅은 초고추장에 찍어 먹는 게 제맛이고,

곰취를 넣어 만든 밥이 얼마나 구수한지 아는 경지에 이르렀다.

아이를 키우는 부모라면 잘 알겠지만, 저절로 그리 됐을 리는 없다.

아이들은 새로운 음식에 대해 무조건 경계하기 마련이고,

많은 부모들은 무리한 시도는 피하고 본다.

하지만, 나는 효우가 음식을 입에 물고 울더라도 끝까지 새로운 음식을 경험하게 했다.

다양한 음식 경험이 장차 효우의 삶을 풍요롭게 해주리라는 생각에서였다.

될 수 있으면 제철음식을 식단에 올리려 하고, 플라스틱 용기는 피하고,

새로운 음식에 도전할 때는 호기심이 일도록 설명해주는 것도 잊지 않았다.

음식에 대해 너무 까다롭고 편협한 생각을 가진 '편식가'가 아니라,

일단 인식을 바꾸고 뭐든 긍정적으로 도전하고 즐길 줄 아는 '미식가'로 키우고 싶기 때문이기도 하다.

시간이 날 때면, 효우의 밥상을 준비하기 위해 앞치마를 두르면서

맛있는 아빠표 요리를 맛보며 행복해 할 아이의 모습을 그려본다.

정성이 들어가지 않을 수 없다.

아이의 눈에는 뚝딱뚝딱 몇 번의 손놀림으로 만들어진 요리일진 몰라도

나는 매번 '최고의 밥상'을 차리려고 노력한다. 그래서일까?

효우는 아빠 요리의 열렬한 팬이기도 하다.

효우가 어릴 적에,

"너희 엄마, 아빠는 뭐하는 분이니?" 하며

뻔히 알면서도 묻는 사람들에게,

"저희 엄마는 탤런트구요, 아빠는 요리사예요!"라고

야무지게 말했던 걸 보면.^^

효우가 좋아하는
아빠 요리 BEST 5

효우는 음식이 맛없어도 맛없다는 얘길 안하고 숟가락을 조용히 내려놓는다. 굳이 이유를 물으면 배불러서 안 먹는다는 말도 안 되는 대답만 할 뿐이다. 이건 지호가 집에서 항상 겪는 일이다. 지호는 종종 효우의 밥 투정 침묵시위에 속상해 하지만, 알고 보면 효우는 엄마 맘 다치게 하고 싶지 않아서 나중에 나에게만 조용히 귓속말을 하는 속정 깊은 딸내미다. "아빠가 해주는 게 젤 맛있어요!" ^^~*

Best 1
파스타

효우는 유난히 크림파스타를 좋아한다. 새송이를 면발 두께로 가늘게 잘라 넣으면 자연스럽게 버섯도 잘 먹게 되는 효과를 볼 수 있다. 그리고 브로콜리파스타는 효우를 위해 자주 만들어주는 파스타인데, 영양도 맛도 최고인 파스타다. 어릴 때부터 해줘서인지 내 손맛에 길들은 효우는, 어떤 다른 레스토랑에서 먹는 것보다도 내가 만들어준 파스타를 맛있어 한다.

브로콜리파스타

Best 2
떡볶이

집에서 가끔 해 먹는데, 여자아이라 그런지 떡볶이를 참 좋아한다. 아직 매운맛을 즐기지 못하는 효우를 위해 고추장과 간장을 적절히 배합하여 맵지 않게 만든다. 아무래도 집에서 먹다보니, 쌀떡 두 번에 밀가루떡 한 번 먹는 식으로 쌀떡 위주의 떡볶이를 만들게 된다. 물론 납작한 어묵을 썰어 넣는 것도 잊지 않는다.

Best 3
칼국수

국수를 사랑하는 가족답게 가끔 아주 간단하게 국수를 해 먹곤 하는데, 어느 순간인가부터 효우는 칼국수보다 라면을 더 좋아하기 시작했다. 조미료의 맛을 알아버린 거다. 자연스런 현상이니 굳이 막고 싶지는 않다. 그래도 아직까지 부동의 외식순위 1위는 칼국수다.

카레라이스 & 짜장밥

효우가 어릴 때부터 카레라이스와 짜장밥을 정말 많이 해줬다. 둘 다 간단하지만 그런 요리일수록 도우미 아줌마와 내가 만든 맛에는 차이가 있다. 만드는 방법에 큰 차이가 있을 정도로 복잡한 요리도 아닌데 말이다. 수분의 차이일까? 카레에 민감해서인지 나도 내가 만든 카레가 제일 맛있다고 느끼는데, 효우도 그렇다. 돼지고기를 기름에 볶아 직접 만든 짜장밥도 마찬가지로 효우와 내 입맛이 짝짜꿍이다. 참 묘하다. 가족끼리는 입맛도 닮아 있다는 게 말이다.

라면

라면 냄새는 전염성이 강하다. 내가 가끔 라면 생각이 나 끓이고 있으면 효우와 지호가 차례로 나와 입맛을 다신다. 우리집에서는 라면 하나를 끓이기 시작하면 결국 최소 3개 이상을 끓여야 한다는 사실을 잊으면 안 된다. 어릴 때부터 라면 조리법에 심취해 있던 결과 얻어낸 조리수칙 중 하나는, 인원수대로 라면을 끓이면 반드시 양이 모자란다는 거다. 인원이 많아질수록 라면을 정원보다 많이 끓여야 하는데 3명이 먹으면 라면 4개, 4명이 먹으면 라면 5개 반…, 이런 식으로 여러 명이 먹을 땐 꼭 한두 개 이상 초과해서 끓인다.

차오~ 토마토!

'이렇게 간단한 걸로도 맛있는 걸 만들 수 있구나.

기본 재료가 좋으면 맛난 음식이 나오는구나!' 이탈리아 요리를 배우면서 놀란 점이다.

내가 추구하는 맛있고, 재밌고, 간단하고, 깔끔하고, 담백한 음식!

올리브오일과 소금, 후추, 양파, 바질,

그리고 신선한 토마토만 있다면 두려울 게 없는 요리!

남자가 하는 가장 멋진 요리 스타일!

손 많이 안 가도 근사한 그릇만 준비하면 당장 프로급 요리사 흉내까지 내볼 수 있는 게 이탈리아 요리다.

영화 〈투스카니의 태양〉에서처럼 기약 없이 떠나 이탈리아 남부 어디쯤에 작은 음식점을 열고 싶을 정도로

이탈리아 요리는 참 매력적이다. 이탈리아 요리 마스터 과정 16주 코스를 거치며

재료와 친밀해진다는 느낌을 많이 받았는데, 배울수록 자연과 함께 있다는 느낌이 자주 든다.

토마토를 직접 따다가 요리에 넣어보고도 싶고,

허브 밭에서 그날의 기분에 따라 선택한

향기 나는 허브로 나의 요리에 화룡점정하고도 싶다.

언젠가 방송에서 내가 이탈리아 요리에 대해 지금처럼

입에 거품을 물고 온갖 찬탄을 다 하고 있었는데, 진행하던 정보석 선배가 물었다.

"그럼, 호진씨는 이탈리아 어디가 가장 인상적이었어요?" "…!!!!"

그렇다. 난 아직 이탈리아를 한 번도 못 가봤다.

그래서인지 '이들리~'나 '이탈리아' 대신 '이태리'가 더 정감 있고 좋다.

나름 여행광인 내가 어쩌다 그리됐는지는 몰라도 아무튼 아직까지 인연이 닿지 않았다.

이렇게까지 이탈리아 요리에 대해 많은 생각과 애착을 갖게 된 것도 마음속으로만 키워온 환상 때문은 아닐까?

지금 내가 진행하고 있는 방송은 제철재료가 나는 곳을 찾아다니면서

주변의 맛집과 동네어르신의 손맛을 함께 느껴보고, 그 재료로 새로운 음식 만들기에 도전해보는

신선하고 재밌는 프로그램이다. 내가 평소 구상해뒀던 콘셉트이라 바쁜 와중에도

흔쾌히 출연 결정을 한 게 사실이지만, 실은 마음 한구석에 언젠가 '이탈리아 특집'을 마련해서

그 기회에 반드시 이탈리아의 제철음식인 토마토를 맘껏 즐기고 오고 싶다는 생각도 있었다.

혹시 이 책이 나올 때쯤이면 자신 있게 이탈리아 요리에 대해 말할 수 있을지도 모르겠다.

'차오~ 토마토(안녕~ 토마토)!' 기대하시라~.

김호진의
요리는 재미다

"어떤 종류의 음식을 하는 곳인가요?"

처음 샤야99 소문을 들은 사람들이 가장 먼저 묻는 질문 중 하나다.

이미 우리 주변에는 요리에 일가견이 있는 분들과 훌륭한 음식점들이 너무도 많기 때문이다.

한식, 양식, 일식…. 어쩌면 샤야99가 그런 레스토랑 중 하나를 모델 삼아 오픈했다면

'유독' 많은 전문가와 각종 평가들에 휩싸여 갈 길을 잃고 헤매다가 좌초됐을지도 모를 일이다.

하지만, 샤야99의 음식스타일은 '재미있는 음식'이다.

'재미'는 내가 추구하는 라이프스타일이기도 하다.

'김호진식 요리'라고 해도 좋다.

나는 메뉴 만들 때 재미와 의외성을 가장 고민한다.

아이디어가 돋보이고 유니크한 것이라면 과감히 도전한다.

맛있지만 평범하면 아니다.

맛있기도 하고 거기에 아이디어까지 양념으로 올라가야 한다.

알고 있던 음식이라도 아이디어 하나로 감쪽같이 변신한다면,

그래서 고객들의 눈과 귀와 입이 활짝 열릴 수만 있다면,

즐거운 기를 팍팍 불어넣어 지친 사람들을 위로할 수 있기를….

이렇게 하루 종일 요리에 대해 생각하다보면 어떤 날은 꿈에서 힌트를 얻기도 한다.

한번은 샤야99의 인기 메뉴인 '매운돼지불고기퀘사디아'를 개발하고 있을 때였다.

아무리 연구를 거듭해도 자를 때마다 모양이 깨져버리는 통에 도저히 상품화가 되지 않았다.

그때 누군가 내 꿈에 나타나 "바보같이…! 위에 달걀물을 입혀봐!" 하는 거다.

다음날 당장 해보니 신기하게도 더 이상 깨지지 않았다.

사실 이 모든 것들은 이미 공부해서 알고 있던 상식들인데,

끈질기게 고민을 하다보니 꿈까지 나타나 필요한 이야기를 들려주는 게 아닌가 싶다.

그런가 하면, 나는 종종 지인들을 깜짝 놀래줘서 터져 나올 웃음을 상상하며
즐겁게 메뉴를 짜고 음식을 세팅한다.
그 자리가 즐겁기를 간절히 바라는 나의 마음이 크고 작은 파티를 준비하는 손길을 재촉한다.
"두부를 이렇게 먹어요?" "이게 도토리묵이었단 말이에요?"
치즈와 김치로 패티를 만들어보고, 도토리묵에 쌀가루를 묻혀 지져도 보고.
사실, 이런 아이디어는 보통 시장통이나 마트의 시식코너에서 얻곤 한다.
인스턴트 음식이라도 새로 나온 것, 혹은 알고 있었지만 먹어보지 못한 것들을 알아가는 즐거움 때문에
아줌마들 사이에서 이쑤시개를 들고
과감히 시식품을 향해 돌진한다.
맛난 시식품들이야말로 나의 요리 공부에 중요한 참고서다.
혀끝으로 기억해두었던 식재료들은 메뉴를 짜며 고민할 때마다 훌륭한 요리 아이템으로 떠오르곤 하니까.
하지만, 어찌 이런 공부를 공짜로 하겠는가! 시식할 때마다 잊지 않고 챙기는 수업료가 있다.
"아주머니, 수고하세요~!^^"
다행인 것은, 아이디어 내고 기획하는 일에는 자신이 있기에
철마다 선보이는 새로운 메뉴들과 각종 파티 준비들이 그리 힘들지만은 않다는 것이다.
그래서 빠듯한 일정이지만, "이런 재료로 어떻게 이런 요리를 만들어요?"라는
손님들의 감탄사는 매번 나를 일으켜 세운다.
내 아이디어를 기다려주는 사람들이 있는 한,
나의 행복한 요리 고민은 계속될 것이다.

샤야99의 음식스타일은 '재미있는 음식'이다.

'재미'는 내가 추구하는 라이프스타일이기도 하다.

'김호진식 요리'라고 해도 좋다.

세월의 힘

효우가 어렸을 때 돌봐주시던 도우미 할머니는 전주분이신데 음식 솜씨가 참 좋았다.
물김치를 해도 얼마나 시원하고 감칠맛 나게 하시는지….
도대체 뭘 넣고 하시기에 만드는 음식마다 맛이 좋은지 못내 궁금하던 차였다.
하루는 음식을 하다 말고 할머니가 다용도실로 가시는 게 아닌가!
그러더니 주머니에 뭔가를 슬쩍 넣고 나와서는 재빨리 음식에 넣는 거였다.
"그거 뭐예요?" 내 질문에 당황한 할머니의 답변. "이게 들어가야 맛있는 거야!"
맞다. 화학조미료를 넣으면 음식에 감칠맛이 생긴다.
하지만 내 요리철칙 가운데 하나는 화학조미료를 절대 넣지 않는다는 것이다.
물론 도우미 할머니께도 여러 번 신신당부를 드렸던 터였다.
안다. 그 할머니도 다른 뜻은 없었을 것이다.
그저 몸이 기억하는 맛에 길들여져 있을 뿐이라는 걸.

트랜스지방 운운하며 건강식을 권장하는 시대지만,
예전엔 마가린에 밥 비벼 먹는 재미가 제법 쏠쏠했다.
길거리 음식도 좋아했고 불량식품이라 불리는
각종 첨가제가 잔뜩 들어간 음식에 코 묻은 돈을 아낌없이 투자하곤 했었다.

하지만, 부모님의 불벼락에도 아랑곳하지 않고 사먹던 음식들을 이제는 내 의지로 멀리한다.

나이가 든 것이다.

내 몸이 이미 각종 조미료에 노출됐다는 사실보다 더 슬픈 것은,

내 머리가 웰빙 시대에 맞춰져 있는 한,

한때 그렇게 즐겼던 음식들을 더 이상 못 먹게 될 거라는 것이다.

세월이 흐르면서 생긴 또 다른 변화를
근래 다녀온 해외여행에서 확인했다.

예전에는 한 달 동안 해외여행을 하면서도 현지음식만 먹었다.

그게 멋이라고 생각했다. 그래서 고추장과 김을 바리바리 싸들고

해외여행에 오르는 어른들을 볼 때마다 이해가 되지 않았던 게 사실이다.

그런데, 이젠 내가 먹고 있다.

짧은 해외여행이라도 이틀에 한 번은 고추장으로 '꾹꾹 눌러줘야' 개운하고 속이 편하다.

외국에 나가면 괜찮은 한국음식점부터 찾는 버릇이 언제부터 생긴건지 정확히 모르겠지만,

그때마다 세월의 힘을 확인하곤 한다.

알 만한 나이의 한국 사람이라면 자연스럽게 서로 통하는 말.
'꾹꾹 눌러주기'. 지호에게서 처음 들은 이 말에 어느새 정이 들어버렸다.

그렇지만, 한편으로는 좀 일반적이지 않은 변화도 찾아왔다.

보통은 나이가 들수록 입맛이 짜져서 음식 간을 잘 못 본다고들 하는데,

나는 반대다. 갈수록 짠 음식을 못 먹겠다.

또, 나이 들수록 신 것도 멀리하게 된다는데, 나는 식초처럼 신 것들이 더욱 좋아진다.

세월은 음식에 대한 나의 기호를 많이 바꿔놓았지만,
지금의 상태를 즐기는 것도 그리 나쁘지만은 않다.

앞으로도 내 입맛이 세월의 힘을 거스를 수는 없을 테니, 그저 즐길 수밖에…

지호는 국수쟁이

지호는 자신이 맛있게 먹은 곳을 가족 친지나 지인들에게 적극적으로 권하는 걸 즐긴다.

그때마다 추천멘트는 한결같이 "거기 맛이 죽음이야~ 예술이라니까~!"다.

하지만 지호가 칭찬하는 곳들은 번번이 사람들의 철퇴를 맞곤 한다.

지호의 추천을 받은 집을 방문한 사람들마다 "거기 진짜 죽음으로 맛없어!"라고 말한다.

그래서 지호가 음식점 가기 전 상황을 취조해보면 촬영 후 정말 배가 고팠을 때 찾은 집들인 경우가 많았다.

본인은 끝까지 억울함을 호소하지만, 가족들 사이에서 지호는 어느새 양치기 소년이 돼 있다.

그래도 당할 만큼 당한 가족들이 속는 셈치고 '이번 한 번만 더'라는 마음으로 지호의 추천 맛집에 귀를 기울여주는 건,

적어도 다섯 번에 한 번쯤은 꽤 괜찮은 집을 발견할 수 있을 거란 희망 때문이지 싶다.

정상적인 상태의 지호는 입맛이 정확해서 간도 곧잘 보기 때문에,

내가 만든 음식을 제일 먼저 평해주는 든든한 조력자다.

와이프의 음식 충고만큼은 미슐랭 가이드 별점 정도는 아니더라도 귀담아 듣고 참고하는 편이라서

"좀 더 노력해야겠어!"라는 말을 들으면 신경이 많이 쓰인다.

일반 맛집들에는 후한 점수를 주면서 내 음식에는 유난히 점수가 짜다.

가장 가까운 사람이기에 엄한 잣대를 들이대며 분발하길 바라는 마음에서겠지?

특히나 지호의 정확한 입맛이 빛을 발하는 분야는 '국수'다.

본인이 워낙 좋아하다보니

국수에 관해서는 입맛도 달인 수준이다.

우리 가족은 다들 국수를 좋아하지만 취향은 조금씩 다르다.

나는 냉면, 효우는 파스타, 지호는 칼국수를 No.1 외식순위로 꼽는다.

최종적으로 낙점 받는 곳은 대부분이 칼국수 집이다.

왜냐하면 국수에 있어서만큼은 달인 수준인 지호 입맛을 믿기 때문이다.

"거기 맛이 죽음이야~"라며 지호가 데려간 맛집에서 칼국수를 먹는 날이면

우리 가족은 입안 가득 행복한 죽음을 맛본다. 진짜 예술이다~!!^^

어느 국수쟁이의
국수 맛집 베스트

칼국수의 '칼'자만 나와도 벌써 신발을 찾아 신는 지호에 비하면 나의 칼국수 사랑은 한 수 아래다. 지호에게 뭐 먹을 거냐고 물으면, 10년째 변함없이 칼국수다. 실은 지호 체질에는 밀가루 음식을 먹으면 안 좋다고 하는데, 먹는 거 참는 것도 스트레스이니 몸에 안 좋아도 먹는 게 낫다. 그러니 집 근처 국수집은 안 가본 데가 없을 정도다. 다른 건 몰라도 지호가 추천하는 단골 칼국수집들만큼은 믿을 수 있다. 물론 나도 검증한 곳들이니 여기서 자신 있게 소개하기로 한다.

두레국수 신사점

"갈 때마다 건물 밖까지 늘어선 대기행렬과 마주쳐야 하지만, 두레국수집 언니랑 눈짓을 주고받으면 없는 자리도 만들어줘요. 비빔국수를 사랑하지만 주문할 때마다 두레고기국수가 마음에 걸려 결국 무리해서 시키고 말지요. 식사 끝에 서비스로 나오는 요구르트도 빼놓을 수 없는 즐거움입니다."

엄마손칼국수 논현동 한우리 뒤편

"우리집 뒤에 있어서 추운 날, 비 오는 날이면 종종 찾게 되는 집이에요. 병아리 빛깔의 기장이 섞인 밥을 주는데 김치랑 함께 먹으면 칼국수 나올 때까지 우아하게 버틸 수 있지요.^^ 조금 남겨둔 밥을 국수랑 비벼 먹는 맛이 별미예요."

바지락칼국수 논현2동 주민센터 뒤편

"깨끗하게 손질된 바지락이 한바가지 나오는 집이에요. 재료를 아끼지 않는 할머니의 후덕한 인심이 신발 벗고 들어가 퍼질러 앉아 먹는 분위기와 잘 어울려죠. 꽁보리밥에 열무김치를 넣고 고추장과 참기름을 넣어 쓱쓱 비벼 먹는 그 맛! 구수한 들깨 수제비까지 곁들이면 환상적인 궁합이죠!"

가람국시 논현동 건설회관 뒤편

"아주 깔끔한 국수집! 집에서 우려낸 듯한 멸치국물이 일품이에요. 양배추김치와 부추김치가 정말 맛있는 집이에요."

한우리 도산대로 사거리 부근

"양이 많아서 나올 때쯤 되면 늘 부른 배를 안고 굴러 나오는 집이에요.^^ 한우리 국수정골은 다른 칼국수에 비해 가격 부담이 있어서 좀 망설이게 되는데, 누가 사준다면 언제든 달려가고 싶은 곳이죠."

국시집 성북동 한성대 부근

"효재 선생님이 소개해주신 곳. 이 집은 아침에 국수를 미는데, 효재 쌤은 그때를 맞춰 국수를 사올 정도로 면발이 탐나는 곳이에요. 효재 쌤은 이곳이 조미료를 안 넣는다고 했지만 검증된 바는 없구요.^^ 다만 김영삼 대통령을 비롯해서 문인과 정재계 어르신들이 자주 찾는 곳인 것만은 틀림없답니다."

혜화칼국수 혜화로터리

"연극하는 분들이나 문화를 즐기는 분들이 많이 찾는 곳이에요. 들어서면 먼저 고기육수를 내는 냄새가 진동하죠. 처음에는 국물냄새가 너무 나서 칼국수에 후춧가루를 잔뜩 쳐 먹었지만 시간이 지날수록 정감가고 맛있는 곳이에요. 대학로라는 분위기에 취해보고 싶다면 한 번쯤 가볼 만한 집이죠."

북촌칼국수 삼청동

"삼청동만 가면 늘 계획은 거창하지만 항상 북촌칼국수 집에 앉아 있어요. 아주 더운 여름날이었는데, 냉면을 먹고 싶은 게 인지상정일 텐데도, 전 그날도 북촌칼국수를 먹으러 갔을 정도죠. 이게 바로 북촌칼국수의 힘이 아닐까요? 만두도 맛있어요."

연희동칼국수 연희동

앞에서 지효가 추천한 집들 외에 내가 어릴 때부터 다니던 칼국수집 한 군데도 소개할까 한다. 지금은 멀어서 맘먹고 가야 하는 불편함이 있지만, 부드러운 국수 맛 때문에 잊을 수가 없는 집이다. 백김치와 빨간 김치 모두 맛있는데, 강한 양념 때문에 먹고 나면 두세 시간 동안 마늘 냄새가 안 가신다.

호진's 한마디

가만히 보면, 내가 칼국수를 자주 먹는 이유 중 하나는 갈 때마다 특별한 대우를 받는 즐거움 때문이다. 연예인이기 이전에 단골임을 높이 사서 보쌈김치도 아낌없이 주시고, 새로 담근 김치가 있으면 먼저 내놓고, 시간이 좀 걸리더라도 몇 시간 된 국물 대신 새로 끓인 국물에 국수를 넣어주시는 정스러운 기억들 때문에 자꾸만 찾게 된다. 그래서 유독 칼국수집 앞에 붙은 수식어로 '엄마 손'이나 '친정엄마' 같은 단어들이 많은 거 아닐까?

떡볶이여,
영~원하라

떡볶이에 들어가는 재료들이 애써 고급일 필요는 없다는 게 나의 '떡볶이 철학'이다.
어디까지나 떡볶이는 떡볶이일 뿐. 난 100% 쌀떡도 싫다.
국물 있는 '밀가리' 떡볶이가 좋다.
100원이면 늘씬한 '밀가리' 떡을 열 개나 맛볼 수 있었던 초등학교 시절!
학교 앞 분식집이나 포장마차, 혹은 문방구 한쪽 옆에서 팔던 떡볶이라도 상관없다.
나는 아직도 그때 그 느낌을 충실히 살린 떡볶이가 좋다.
튀김을 떡볶이 국물에 버무려 먹는 건 별로 좋아하지 않는데,
떡볶이만이 갖고 있는 순수한 맛이 사라지기 때문이다.
난 기본적으로 떡볶이를 먹을 때 숟가락 끝으로 떡을 잘라
양념이 듬뿍 있는 국물과 함께 떠먹는다.
내가 갖고 있는 떡볶이의 조건을 모두 갖췄다면,
그 떡볶이가 비록 한 접시에 2,500원이라도 고급 퓨전 떡볶이와는 바꾸지 않을 거다.

무릎이 튀어나온 츄리닝에 슬리퍼를 끌며 찾아가도 전혀 부담되지 않을 거리에서부터

일부러 차를 타고서라도 찾아가야 하는 곳에 이르기까지

나의 떡볶이 역사는 광범위한 지역에 걸쳐 만들어졌다.

한창 홍대에서 놀 때였다.

어느 날 주차장에 떡볶이집이 생겼는데, 그게 바로 홍대 조폭떡볶이다.

근처 바에서 술 마시고 있으면 주인이 그 집 떡볶이를 사다주곤 했는데,

술안주 역할을 톡톡히 했다.

또, 동부이촌동에 오래 살다보니 알게 된 이촌동 떡볶이집도 있다.

떡볶이에 국물이 많아 그리 맵지 않아서인지 항상 아이들로 북적인다.

슴슴한 오뎅국물 맛도 타의 추종을 불허한다.

해장용으로도 아주 훌륭하고,

결혼 후에도 떡볶이와 국물을 함께

숟가락으로 떠 먹으려고 가족들과 자주 찾는다.

중고등학교 시절에는 DJ가 있는 신당동 짜장떡볶이가 유행이었다.

실컷 먹고 나서 또 포장해 와 집에서 해 먹었던 기억이 난다.

지금은 자주 가지 않지만 가끔씩 옛날 생각이 나서 찾아가는 곳 중 하나다.

대학교 2학년 때 극단 '성좌'에 들어갔는데,

그때만 해도 넉넉한 대로변에는 대형 포장마차들이 대학로의 낭만을 채우고 있었다.

극단 선배들과 술 마시러 포장마차에 가면 항상 잘해주시던 '이모'가 계셨는데,

지금은 깻잎 향과 떡볶이의 절묘한 조화를 만들어내는

대학로의 명물, '깻잎 떡볶이집' 사장님이시다.

그 이모가 나에 대해 갖고 있는 아름다운 기억을 사람들이 들으면

맛있게 먹었던 떡볶이를 다시 확인하는 불상사(?)가 일어날 수도 있지만…,

어찌됐건 김호진이 이 세상에서 가장 피부도 곱고 잘생긴 배우라고 생각하신다는 거다.

아마도 이모와 알게 될 무렵의 나는 내 인생에서 가장 잘생기고 싱싱했던 나이였기 때문일 것이다.

나 또한 대학로 극단 시절부터 지금까지 내 모든 활동들을 관심 있게 지켜봐주시는 분이라

무엇보다 소중한 인연으로 간직하고 싶다.

이렇게 나와 인연을 맺은 떡볶이집들은 모두 나름의 사연을 가졌다.

처음 문 열 때부터 다닌 집,
사장님과의 끈끈한 연으로 맺어진 집,
촬영 후 순대, 떡볶이와 소주 한잔으로 고단함을 이겨낸 집,
술 마시고 집에 가다 출출할 때면 그냥 지나치지 못하던 집….
그래서일까?
떡볶이만큼은 비슷한 취향을 가진 사람을 만나면 정말 반가운데,
추억이 같은 사람들만이 느낄 수 있는 짜릿한 동질감 때문이지 싶다.

요리로 만든
귀한 인연

"좋은 친구를 만나려면 레스토랑을 해라."

언젠가 아는 형이 해줬던 이 말은 샤야99를 시작한 뒤 내내 그 진가를 발휘했다.

흔히 예술은 통한다고들 한다. 연기자인 내가 요리에 배우의 열정을 담아내듯,

지휘자가 각종 요리재료들로 한끼 식사를 연주할 수 있는 것이다.

어느 스타일리스트가 밤샘 촬영을 마치고 돌아와 아들을 위해

스타일 있는 오므라이스를 만들어 놓고 장렬히 곯아 떨어졌다는 얘기도 있다.

케첩 하나를 뿌려도 정성을 다해, 음료수 하나를 마셔도

스타일 있게, 테이블 매트 하나를 깔아도 엣지 있게.

바로 예술을 아는 사람들이 결코 자유로울 수 없는 '맛'과 '멋' 때문일 것이다.

지금부터의 얘기는 그런 인연으로 만나게 된 사람들이다.

어느 날, 소문을 듣고 찾아왔다며
한 손님이 자신의 이름을 밝혔다.
작가 '육심원'.

그 특이한 이름이 회자되기 전, 인사동의 작은 아트숍에서

육작가의 아기자기한 소품들을 발견하고는 살까말까 고민하다

그냥 나와버렸던 아쉬움이 있었기 때문인지 그 이름이 더욱 반갑기만 했다.

음식은 언제나 사람들을 끌어들인다. 만나야 할 사람은 반드시 만나게 돼 있는 걸까?

좋은 인연을 맺은 육작가와는 연말연시 선물을 주고받는 사이가 됐다.

단골손님인 연기자들도 많다. 드라마를 같이 했다고 해서 꼭 자주 만나는 것도 아닌데,

수많은 레스토랑 놔두고 굳이 이곳까지 찾아와주는 배우들은 정말 내 요리가 맛있어서 오는 경우가 대부분이다.

배우 이지아는 체구에 비해 샤야99의 모든 음식을 정말 좋아한다. 아니, 사랑한다는 표현이 좀더 어울릴 듯하다.

하지원은 브로콜리파스타를 좋아해서 자주 들르는 후배고,

수애도 종종 들르는데 자리가 없어서 그냥 갔을 때는 정말 미안했다.

샤야99에는 이름만 대면 알 만한 분들이 아니더라도 맛을 사랑하는 많은 분들이 추억을 만들고 가신다.

어느 봄날이었나? 가냘픈 체구의 한 여자분이 샤야99를 찾아왔다.

음식 맛을 보더니 샤야99의 다른 음식들도 맛보고 싶다며 그날 저녁에도 예약이 가능한지 물으셨다.

같은 손님의 하루 두 번 방문이라니…. 오너셰프로서는 대단한 영광이 아닐 수 없었다.

나중에 사연을 들으니, 혈액암으로 음식을 입에도 대지 못하던 중에 내 요리가 맘에 꼭 드셨다며

오히려 나에게 너무 고마워하시는 거다. 일본 다녀오는 길에 샀다며 딸 효우를 위해 일본 요깡을 건네주셨다.

레스토랑을 하며 사람 관계에 대해 참 많은 생각을 하게 됐다.

의외의 사람들이 찾아와 인연을 맺기도 하지만,

한편으로는 친했던 사람들과 소원해지는 게 안타까웠다.

내가 이 친구와 이렇게 친했나, 싶은 사람들을 재발견하는 기쁨도 누리지만,

자주 올 거라고 생각했던 친구들이 안 올 때는 많이 서운하기도 했다.

레스토랑을 시작한 게 사실,

나만의 공간, 친구들과의 즐거운 아지트를 만들고 싶어서였는데….

이런저런 이유로 오지 않는 친구들을 기다리는 처음 6개월간은 서운하기만 했다.

하지만, 서서히 레스토랑이 안정되면서 그들의 입장에서 생각할 여유가 생기니

이제 그들과도 예전처럼 지낼 수 있을 것 같다.

그들과의 즐거운 시간을 꿈꾸며 시작했던 곳인 만큼

와인 한잔 나눌 수 있는 그날을 위해 노력하리라.

배우 vs. 셰프

"어~ 형, 코피 나요!" 한번은 〈밤을 잊은 그대에게〉의 라디오 진행을 하고 있는데,
게스트로 나온 DJ DOC의 김창열이 소리쳤다.
20대 한창 나이였던 당시 나는 방송 MC, 드라마 두 편,
라디오 DJ 활동을 동시에 할 정도로 바쁘게, 열심히 살았다.
코피가 흘러도 열심히 일하고 놀고….
인생에서 가장 아름다운 시절에 후회 없이 젊음을 즐겼다.
돌이켜보면, 연기자로서 젊음을 즐길 수 있었던 데에는 행운도 따랐던 것 같다.
탤런트 데뷔 1년 후부터 동시녹음을 하기 시작했으니,
나름 나의 연기생활은 방송계의 역사와 함께 해온 셈인데,
데뷔 당시에는 연기자들이 이렇게 많지 않았고 매니지먼트도 활성화돼 있지 않았다.

코디네이터란 말도 한참 후에 생겼다.

연기자들이 직접 옷을 사러 다니고, 아는 디자이너에게 옷을 해오는 게 당연한 일이었다.

좋은 기회가 많이 왔고, 그 기회를 놓치지 않고 내 것으로 만들 수 있었으니, 난 럭키한 배우다.

이런 얘기를 하는 사람들도 있다.

배우도 하고, 레스토랑 사장도 하고 좋겠다고.

알고 보면 셰프 일만큼 고된 일도 없을 거다.

시간밥을 못 챙겨먹는 것까지는 그렇다 쳐도

하루 몇 시간씩 음식을 만드는 게 체력적으로도 얼마나 고된 일인지….

2010년 4월에 오픈하고 첫 3개월 동안은 하루도 쉬어본 적이 없었다.

처음엔 일이 손에 설었고, 익숙해질 만하니 사람들이 몰려들었다.

긴장감과 피로가 쌓일 대로 쌓인 나는 결국 쓰러졌다.

20대에 코피 쏟으며 방송하던 때의 체력이 아닌 건 알았지만, 그만큼 열중하고 있었다.

하지만, 이제는 제법 여유가 생겼다.

요리를 하면서도 대학원 다니며 MT도 가고 방송일도 시작했으니 말이다.

단, 다시 쓰러지지 않도록 적당히 체력안배를 하고 있다.

40대에 내가 그렇게 소원했던 나만의 공간을 갖게 됐고,

철마다 색다르게 다가오는 소월길의 풍경에도 적잖은 위로를 받아가며,

데뷔 20년 차 탤런트가 아닌 요리사로서,

유난스럽게 맛에 집착하는 보통 사람으로서의 내가 먹고 만들고 싶어하는 요리들을

선보일 수 있다는 사실이 감사할 따름이다.

이런 나를 본 한 연기자 분은 샤야99에서 요리사 옷을 입고 있는 모습이

너무 행복해 보인다고 했다.

그래, 나는 지금 참 행복하다.

좋아하는 일을 두 가지나 할 수 있어서.

요리를 시작한 이후 가끔 이런 자문을 해본다.

"내 인생에서 배우와

셰프라는 직업이 가지는 무게를 달아보면

무엇이 더 무거울까?"라고.

예전에 송승환 형과 방송할 때, 자기는 다시 태어나도 연기를 하고 싶다며

방송국 밖의 세상은 힘들다는 얘기를 했었는데 그때는 어려서 잘 몰랐다.

하지만, 이젠 승환 형 말이 와 닿는다. 뭔지 알 것 같다.

나도 방송국에 가면 마음이 참 편하다.

연륜이 있으니까 사람들과의 관계가 편해져서가 아니라

그저 스튜디오에 ON AIR 불빛이 들어오면 생기가 넘치고 잡생각이 사라진다.

그래서일까? 욕심일지 모르겠지만,

다시 태어나도 '요리를 유난히 좋아하는 배우'로 살고 싶다.

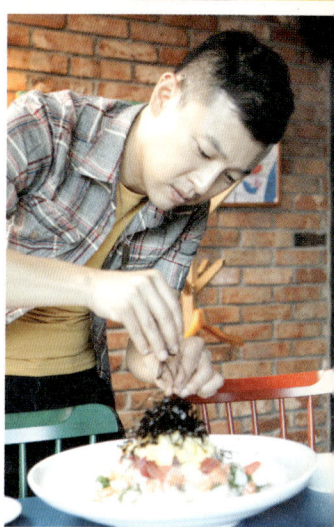

PART 02

요리는
쉬워야 한다

요리가 쉽다는 건 매우 주관적인 얘기지만,

**내가 말하고 싶은 '요리는 쉬워야 한다'의 의미는
편해야 한다는 얘기와 통한다.**

재료도 편하게 구할 수 있고, 음식도 편하게 만들 수 있어야
더 이상 요리를 귀찮아하거나 두려워하지 않을 수 있다.
바쁜 현대인들에겐 발품 팔아 좋은 재료 얻는 것보다,

**재료를 좀 더 손쉽게 구해 도마 앞에 서는 일을
주저하지 않게 할 레시피가 필요한지도 모른다.**

내 요리들 중에는 너무 간단해서 깜짝 놀라게 되는 것들도 제법 된다.
이 책을 통해 '이 정도면 나도 만들 수 있겠다'는 자신감을 챙기고
이에 더해 '쉽게 재료를 구해, 쉽게 만들어 먹었는데
진짜 맛있었던 추억'을 가질 수 있는 요리들과 만나길 바란다.

내가 생각하는 Basic+Best 조리도구

칼

예전에 요리 선생님께 칼을 선물로 받은 적이 있다. 또 어떤 분은 멋진 칼집을 선물해주시기도 했다. 칼 선물은 행복하게 살라는 의미이기 때문에, 특히 신혼부부 집들이 선물로 인기가 좋다. 기왕이면 칼 가는 도구도 함께 선물하면 평생 기억될지 모를 일이다. 내 생각에 칼은 아무래도 처음부터 좋은 제품을 구입하는 게 좋지 않을까 싶다. 음식 하는 데 있어 가장 중요하기도 하고, 많은 사람들이 칼을 버리는 방법을 잘 모를 정도로 오랫동안 곁에 두고 사용해야 하기 때문이다. (참고로 칼은 신문지에 잘 싸서 재활용품통에 버린다.) 한식칼, 양식칼, 다용도칼, 일식칼, 중식칼 등 요리를 좋아하는 사람이라면 각 분야별 전문 칼로 요리를 하는 게 멋있다고 생각한다. 하지만, 요리 프로그램을 진행하는 대부분의 요리사들은 다용도칼을 이용한다. 현실적인 선택이긴 하다. 그래도 가끔 한식칼을 이용해 한식 요리하는 분을 TV에서 보면 감동받는다. 역시 정통은 멋지다.

프라이팬

나는 냄비보다는 프라이팬을 자주 사용하는 편이다. 옛날엔 프라이팬의 코팅이 잘 벗겨져서 보관할 때 기름칠을 해두는 일이 필수였지만, 요즘은 잘 나오기 때문에 그럴 필요가 없어졌다. 나는 프라이팬만큼은 예쁜 걸 좋아해서, 비싼 걸 구입해 오래 쓰기보다 적당한 제품을 사서 조금이라도 망가지면 바로 버리곤 한다. 어차피 우리는 외국처럼 프라이팬을 벽에 걸어두지 않기 때문에 보관 노하우가 필요한데, 싱크대 한쪽에 쌓아놓고 보관할 경우, 신문지를 사이사이 끼어 두는 게 좋다. 크고 작은 프라이팬들이 그냥 겹쳐지면 아무래도 스크래치가 나기 때문이다.

냄비

요즘은 대식구가 함께 사는 일이 드물기 때문에, 곰국을 끓여 놓고 긴 여행을 준비할 요량이 아니라면 그리 큰 냄비는 필요 없다. 아마도 대부분 라면 끓여 먹는 냄비를 제일 많이 사용할 거다. 나는 냄비는 좋은 걸 구입하면서도, 양은냄비 또한 몹시 사랑하는 편이다. 옛날이 그리워 옆에 두고픈 물건이라서다. 양은냄비 뚜껑을 이용해 후루룩 먹곤 하는 라면 맛은 언제나 기가 막히다. 또, 양은주전자에 가득 채운 막걸리를 양은대접에 따라 마시는 일은 동네 대폿집 분위기를 내기에 그만인 소품들이다.

불고기샌드위치

불고기는 내가 가장 좋아하는 한식 중 하나다.
집 반찬으로 많이 해 먹기 때문에 집에는 늘상 남는 불고기꺼리가 있는 편이다.
남은 불고기를 활용하기 위해 나는 종종 떡볶이에도 넣어보고, 밥을 볶아 먹을 때도 사용한다.
한번은 불고기로 샌드위치를 해 먹으면 어떨까 하는 생각에 만들어봤는데
성공이었다. 요즘 LA나 뉴욕에서 불고기샌드위치의 인기가 대단하다고 하는데,
역시 불고기는 남녀노소, 동서양을 막론하고 사랑받는 메뉴임에 틀림없다.

Ready _ 1인분

불고기용 쇠고기 100g, 베이글 1개,
마요네즈 · 피자치즈 · 포도씨유 적당량,
이태리 파슬리 약간
쇠고기 밑간 간장 1Ts, 설탕 1/2Ts,
다진 파 1ts, 다진 마늘 1/2ts,
후추 약간

Recipe

1 쇠고기를 재운다
준비한 쇠고기에 분량의 쇠고기 밑간 재료를 넣고 재운다.

2 빵을 준비한다
베이글을 반으로 자른 뒤, 토스트기에 넣고 살짝 바삭해질 정도로 굽는다.

3 쇠고기를 굽는다
달궈진 팬에 포도씨유를 약간 두르고 재워둔 쇠고기를 굽는다.

4 토핑을 올린다
구워진 베이글 안쪽에 마요네즈를 잘 펴 바르고, 그 위에 불고기를 올린 뒤,
피자치즈를 올린다.

5 완성
180℃로 예열한 오븐에서 7~8분간 구운 뒤 이태리 파슬리를 뿌린다. 나머지
베이글 한쪽도 같은 방법으로 굽는다.

 **호진's TIP**

· 발사믹소스를 뿌려 먹으면 더욱 맛있다.
· **발사믹소스 만들기** 팬에 발사믹식초 1/2cup과 꿀 2Ts과 소금 약간을 넣고 농도가
  날 때까지 살짝 조려준다.

치즈버거

한때, 앉은 자리에서 햄버거를 다섯 개나 해치울 정도로 햄버거에 푹 빠져 있었다.
어릴 적 우리집 냉동고에는 항상 햄버거 패티가 있었는데, 학교에서 집에 왔을 때 아무도 없으면
직접 해 먹곤 했던 기억이 있다. 그래서 효우가 햄버거를 먹고 싶다고 하면 말리지 않고,
같이 가서 함께 먹는다. 나도 그만큼 좋아했기 때문이다. 사람들은 왜 햄버거를
무조건 정크푸드라고 할까? 집에서 소금과 후추만 넣고
순수한 재료를 사용해 만든 패티는 해당사항이 없는데도 말이다.
패스트푸드점에서 사 먹는 햄버거가 영 미덥지 않다면 집에서 해 먹으면 된다.
예나 지금이나 내가 고집하는 그 맛, 치즈버거를 소개한다.

Ready _ 1인분

다진 돼지고기 100g, 다진 쇠고기 100g,
소금 1/2Ts, 후추 1/2ts, 양상추 적당량,
양파 슬라이스 1쪽, 토마토 슬라이스 1쪽,
치즈 1장, 햄버거 빵 1개,
마요네즈·머스터드소스·케첩 적당량,
포도씨유 약간

Recipe

1 패티를 굽는다
다진 돼지고기와 다진 쇠고기를 섞고, 소금과 후추로 양념한 뒤, 손으로 쳐서
패티 모양을 만들어 포도씨유를 살짝 두른 팬에 굽는다.

2 채소와 빵을 준비한다
양상추는 잘 씻어서 물기를 빼고, 햄버거 빵은 팬, 오븐, 토스터기에 살짝 구
운 뒤 안쪽에 마요네즈를 바른다.

3 완성
빵 위에 양상추, 패티, 치즈, 토마토, 양파를 순서대로 올린 뒤, 케첩, 마요네
즈, 머스터드소스를 뿌리고 남은 빵으로 덮어준다.

 호진's TIP

- 패티는 많이 치대줘야 구울 때 부서지지 않는다.
- 패티를 구울 때 가운데를 꾹 눌러주면 고기가 잘 익는다.
- 패티는 중약불에 천천히 익혀야 겉만 타고 속이 안 익는 사태를 방지할 수 있다.
- 소스는 따로 섞지 않고 순서대로 얹어서 자연스럽게 섞이도록 한다.

TRY THIS

		1	2		
3		4	5		6

떡볶이

요즘은 수십 종의 떡볶이집이 있고, 우리집 앞에만 해도 대여섯 개의 맛집이 있을 정도로 참 흔하면서도
그 인기가 식을 줄 모르는 음식 중 하나가 떡볶이다. 하지만, 나는 유독 국물 떡볶이를 고집한다.
집에서도 늘 국물 떡볶이를 해 먹을 정도니, 숟가락으로 떠 먹는 그 맛을 향한
나의 일편단심은 아무도 못 말린다. 떡볶이의 진정한 맛은 숟가락으로 떠 먹어봐야 안다!

Ready _ 4인분
떡볶이 떡 600g, 당근 1/4개, 양파 1/4개,
대파 1대
떡볶이 양념 물 1L, 설탕 4Ts, 고추장 3Ts,
고춧가루 3Ts, 설탕 3Ts, 참치액젓 3Ts,
간장 1Ts

Recipe
1 떡볶이소스를 만든다
분량의 떡볶이 양념 재료를 잘 섞어 당근, 양파, 대파를 얇게 슬라이스해 넣고
끓인다.
2 완성
끓는 떡볶이소스에 떡을 넣고 한소끔 끓이면 완성!

 호진's TIP

• 파는 반뿌리를 먼저 넣고 나머지는 마지막에 넣는다.

떡볶이오뎅말이

어릴 때, 친구가 살던 동네에서 가장 유명했던 음식이다. 슬픈 것은, 정작 오뎅말이를 소개해준
그 친구의 얼굴도, 이름도 생각나지 않는데 함께 먹었던 떡볶이오뎅말이만큼은 또렷이 기억난다는 거다.
그 맛이 얼마나 강렬했으면 그랬을까! 사실 '어묵'이라고 해야 하는데, 난 아직 '오뎅'이란 말이 더 친근하다.
'초등학교'보다 '국민학교'라고 해야 그 시절 추억이 떠오르는 것처럼, 내 추억 속에는 어묵말이가 아닌
오뎅말이가 있을 뿐이다. 3~4년 전부터 문득 이 음식이 그리워지기 시작했는데,
이제 슬슬 옛날을 그리워할 나이가 됐나보다.

Ready
완성된 떡볶이 떡(떡이 길수록 좋다) 6개,
사각형의 얇은 오뎅 3장, 설탕 약간

Recipe
1 오뎅을 굽는다
오뎅의 한쪽 면을 떡볶이 길이에 맞춰 자른 뒤, 팬에서 노릇노릇해질 때까지
앞뒤로 굽는다.
2 오뎅에 떡을 올린다
오뎅이 맛있게 구워지면, 한쪽에 완성된 떡볶이 떡 2개를 올리고 설탕을 약간
뿌린다.
3 완성
김밥 모양으로 돌돌 말아서 먹는다.

브리또

초등학교 때였을 거다. 특이한 향이 나는 간 쇠고기를 밀전병에 싸서 먹었던 브리또가 그렇게 맛있었다.
이후 우리나라에 타코벨을 비롯한 멕시코 음식점들이 우후죽순으로 생겨나기 시작했는데,
그 어느 곳에서도 어렸을 때 먹었던 그 브리또를 맛볼 수가 없었다.
20대 때, 우연히 조선호텔 밑에 있는 '오킴스'라는 바에 친구들과 놀러갔는데,
그곳 메뉴 중에 쇠고기브리또가 있는 게 아닌가! 반가운 마음에 시켜 먹은 쇠고기브리또는
내가 그렇게 찾아 헤매던 바로 그 맛이었다. 맥주와 함께 그걸 먹는데
감격한 나머지 결국 눈물이 찔끔 나오고 말았다. 아마도 지금은 그 메뉴가 없어졌을 거다.
대신 오매불망 찾아다녔던 쇠고기브리또를 내 스타일로 바꾼 '파볶음밥브리또'를 소개한다.

Ready _ 1인분

파볶음밥 1공기 분량, 또띠아 1장,
통조림 콩 5Ts, 모짜렐라 치즈 5Ts,
간 쇠고기 30g, 케첩 1Ts, 핫소스 1Ts,
소금·후추 약간, 포도씨유 적당량
달걀물 물 5Ts, 달걀 노른자 1개 분량
샐러드 어린잎 1줌, 올리브오일 1Ts,
소금 약간

Recipe

1 쇠고기를 볶는다
포도씨유를 조금 두른 팬에 간 쇠고기를 넣고 약간의 소금, 후추로 간을 맞춘다. 통조림 콩과 케첩, 핫소스를 차례대로 넣는다.

2 모양을 만든다
또띠아 반쪽 위에 파볶음밥을 올린다. 그 위에 ①을 올리고, 모짜렐라 치즈를 넉넉히 올린다. 그런 다음 또띠아를 김밥 말듯이 돌돌 말아준다.

3 오븐에 굽는다
돌돌 만 또띠아 위에 분량의 달걀물 재료를 섞어 바르고, 180℃로 예열한 오븐에서 5~8분간 굽는다.

4 완성
오븐에서 꺼낸 브리또가 깨지지 않게 조심해서 반을 자른 뒤, 분량의 샐러드 재료를 버무려 그 위에 올려 낸다.

 호진's TIP

- **파볶음밥 만들기** 밥 1공기 분량을 포도씨유를 넉넉히 두른 달궈진 팬에 넣고 밥알이 하나씩 살아날 때까지 오래오래 볶아준다. 소금 1/2ts을 넣고, 대파 2대를 쫑쫑 썰어 넣어 볶다가 다시 소금과 후추를 적당히 가미한다.
- 브리또에 들어가는 볶음밥의 종류는 각자의 취향에 따른다.
- 또띠아 위에 달걀물을 바르면 색이 골고루 잘 나온다.

시금치샐러드

가족과 함께 하와이로 여행을 갔을 때다. 하와이에서 제일 유명한 스테이크 집을 찾아가서
시금치샐러드를 시켰는데 간단해 보이는 게 마음에 쏙 들었다. 서울 가서 만들어볼 생각으로
휴대폰에 사진을 담아왔다. 한솥밥을 먹다보면 텔레파시도 통하는 건지. 서울로 돌아와
샤야99 식구들에게 이 요리를 선보이려는 순간! 주방의 동훈이가
새로운 샐러드를 하고 싶다며 레시피 한 장을 내미는데,
내 휴대폰 속 사진과 정확히 일치하는 게 아닌가!
서점에서 책을 보다 마음에 들어 구해왔다고 했다. 우연인지 필연인지, 어떻게 바다를 사이에 두고
동시에 시금치에 꽂혔을까! 그렇게 만장일치로 탄생한 '시금치샐러드'다.

Ready _ 3~4인분

시금치 1/2단, 적양파 1/4쪽, 방울토마토 10개,
양송이버섯 5개, 베이컨 3장, 삶은 달걀 2개
드레싱 올리브오일 4T, 식초 2T, 꿀 2T,
소금·후추 약간

Recipe

1 채소를 준비한다
시금치를 잘 씻어서 찬물에 담가둔다. 적양파도 얇게 채썰어 역시 찬물에 담가
둔다. 방울토마토는 반씩 자르고, 양송이버섯은 모양을 살려 슬라이스해둔다.

2 베이컨을 굽는다
베이컨은 2cm 크기로 잘라서 마른 팬에 노릇노릇해질 때까지 굽는다.

3 삶은 달걀을 으깬다
미리 삶아둔 달걀은 볼에 담아 숟가락으로 으깬다.

4 시금치에 뜨거운 김을 쏘인다
물기를 뺀 시금치에 약 10초 정도 뜨거운 김을 쏘여준다. 이렇게 하면 시금치
의 식감이 한결 부드러워진다.

5 드레싱을 만든다
분량의 드레싱 재료를 섞어 드레싱을 만든다.

6 완성
시금치를 접시에 담고 그 위에 방울토마토를 올린 다음, 으깬 달걀과 베이컨,
양송이버섯을 올린다. 제일 위에 적양파를 올리고 드레싱을 뿌려 완성한다.

 호진's TIP

· 시금치는 포항초(섬초)보다 일반 시금치가 더 맛있다.
· 적양파가 더 달고 맛있긴 하지만, 아쉬운 대로 흰 양파도 괜찮다.

달걀찜

어릴 때부터 수없이 먹어온 달걀찜은 가장 기본적인 요리다.
지호가 좋아해서 아침마다 자주 해 먹곤 한다. 하지만, 쉽게 생각했는데
막상 해보면 성공하기 쉽지 않은 요리 중 하나이기도 하다.
기본이 탄탄해야 다양한 변화도 시도해볼 수 있는 법!
먼저, 기본 달걀찜부터 성공해보자.

Ready _ 2인분

달걀(60g) 2개, 물 150g, 우유 2ts,
참치액젓 1ts, 미림 1ts, 설탕 1/2ts,
소금·후추 약간

Recipe

1 달걀을 푼다
달걀을 깨어 넣고 숟가락으로 고르게 섞으며 알끈을 잘 끊어준 뒤, 달걀의
2~2.5배의 물을 넣는다.

2 간을 맞춘다
①에 우유, 참치액젓, 미림, 설탕, 소금을 넣고 다시 잘 섞는다.

3 체에 밭친다
②를 체에 밭쳐 찜기에 곱게 걸러낸 뒤, 후추를 뿌린다.

4 중탕한다
냄비에 물이 끓으면 찜기를 넣고, 냄비 뚜껑을 닫은 채 20분간 중탕한다.

5 완성
달걀이 푸딩처럼 되면 불을 끈다.

 호진's TIP

- 다싯물이 정석이지만, 없을 땐 참치액젓을 이용한다.
- 우유 대신 생크림을 넣어도 좋다.
- 끓는 물에 넣고 중탕할 때, 그릇에 따라 시간차가 조금씩 있으니 반드시 눈으로
  확인한다.

닭볶음탕

어릴 때 늘 먹던 닭도리탕을 이제는
일본말이라는 이유로 닭볶음탕이라고 불러야 한다지만,
난 아직도 닭도리탕이란 말이 더 맛있게 들리고 정감이 가는데, 왜일까?

Ready _ 4인분

볶음탕용 닭(중간크기) 1마리, 감자 2개,
당근(중간크기) 1개, 양파(큰 것) 1/2개(또는
작은 것 1개), 대파 1~2대, 물 1.5L,
포도씨유 적당량
양념장 고춧가루 4Ts, 다진 마늘 4Ts,
설탕 4Ts, 두반장 3Ts, 고추장 2Ts,
간장 2Ts, 참기름 2Ts, 미림 2Ts,
생강즙 1Ts, 후추 1/2Ts

Recipe

1 재료를 손질한다
닭은 정육점에서 볶음탕용으로 손질해온 것을 사용한다. 감자는 4등분하고,
당근과 양파도 비슷한 크기로 잘라 놓는다.

2 양념장을 만든다
분량의 양념장 재료를 넣고 잘 섞어서 준비해둔다.

3 팬에 재료를 볶는다
포도씨유를 적당히 두른 팬에 양파, 당근, 감자를 볶다가 어느 정도 익으면 닭
을 넣고 함께 살짝 볶는다.

4 양념장을 넣는다
③에 재료가 잠길 만큼의 물을 넣고, 끓기 시작하면 양념장을 함께 넣고 끓
인다.

5 완성
감자가 다 익었으면 대파를 썰어 넣어 완성한다.

 호진's TIP

· 닭을 찬물에 씻은 다음 끓는 물에 살짝 데치면 잡내를 제거할 수 있다.

```
        1       2
                        6
  3     4       5
```

베이컨녹두전

녹두전에는 보통 돼지고기가 들어간다.
일반적인 녹두전 말고, 외국 사람들도 전을 즐길 수 있는 방법이 뭐 없을까 연구하다가,
전의 크기를 확 줄이고 베이컨을 살짝 넣어봤는데 정말 반응이 좋았다.

Ready _ 3~4인분

즉석 녹두전 반죽 1팩, 베이컨 5줄,
소금 약간, 포도씨유 적당량

Recipe

1 재료를 준비한다

마트에서 구입한 즉석 녹두전 반죽 1팩을 준비한다. (구입할 때 판매자에게 소금 간을 더해야 하는지 물어보고 그에 맞춰 간을 더하면 된다.) 베이컨은 3cm 길이로 자른다.

2 완성

팬에 포도씨유를 두르고 녹두전 반죽을 1큰술 가득 담아 팬에 얌전하게 올린 뒤, 베이컨을 올려 앞뒤로 노릇하게 구워낸다.

연근전

우리 가족이 연근 하나 사다가 잘 부쳐 먹는 대표 가정식이다.
간단한 조리법으로도 둘째가라면 서러운 음식이지만,
영양과 맛에서도 둘째가라면 울고 갈 건강식이다.

Ready _ 3~4인분

연근 1개, 소금 약간, 포도씨유 적당량

Recipe

1 연근을 자른다

연근을 0.5cm 두께로 자른다.

2 완성

팬에 포도씨유를 두르고 연근을 올린 뒤 앞뒤로 노릇하게 익으면 약간의 소금을 골고루 뿌려 간한다.

포카치아

예전에 '12주 이탈리아 요리 마스터 과정'을 이수하며 배운 요리다.
난 단 음식을 별로 좋아하지 않는데, 이건 야채빵과 비슷해서 좋다.
특히 양파, 블랙올리브, 피망을 많이 올려서 만들어 먹는 걸 즐긴다.
보기에도 예쁘고 만들기도 쉬운데다, 달지 않아 부담스럽지 않은 건강빵이다.

Ready _ 3~4인분

피망 1개, 양파 1/2개, 방울토마토 10개,
블랙올리브 15개, 로즈마리 2줄기,
올리브오일 적당량
밀가루 반죽 밀가루(강력분) 180g,
물 60g, 우유 60g, 올리브오일 10g,
드라이이스트 2g, 소금 4g
발사믹소스 올리브오일 3Ts,
발사믹식초 1Ts

Recipe

1 반죽을 만들고 1차 발효시킨다
분량의 밀가루 반죽 재료를 넣고 반죽한다. 완성된 반죽은 1차 발효시킨다.

2 토핑할 재료들을 손질한다
피망과 양파는 채썰고, 방울토마토는 2등분해둔다.

3 모양을 만들어 2차 발효시킨다
1차 발효시킨 반죽을 올리브오일을 바른 오븐팬에 넣고 손가락으로 꾹꾹 눌러 모양을 낸 뒤 올리브오일을 뿌린다. 방울토마토와 블랙올리브를 흩뿌려주고, 채썬 피망과 양파도 얼기설기 놓은 다음 2차 발효시킨다.

4 오븐에서 굽는다
200℃로 예열한 오븐에서 10~15분간 굽는다.

5 완성
분량의 발사믹소스 재료를 섞은 뒤 로즈마리를 띄워 완성된 포카치아와 곁들여 먹는다.

 **호진's TIP**

• 반죽할 때 우유를 더 넣으면 부드러워지고 올리브오일을 좀 더 넣으면
  바삭바삭해진다.

새우버터구이

어릴 때, 새우는 버터나 마가린에 소금만 넣고 팬에 볶아 먹곤 했는데,
그런 느낌을 유산지에 내본 '새우버터구이'다.

Ready _ 2~3인분

대하(또는 타이거 새우) 6마리, 버터 30g,
아스파라거스 6개, 레몬 슬라이스 3~4조각,
로즈마리 3~4줄기, 화이트와인 5Ts,
올리브오일 5Ts, 소금·후추 약간

Recipe

1 아스파라거스를 손질한다
아스파라거스는 밑둥의 질긴 부분을 칼로 정리한다.

2 오븐팬 위에 재료를 세팅한다
오븐팬 위에 유산지를 놓고 가장자리의 네 변을 살짝 접는다. 유산지 위에 새
우와 아스파라거스를 가지런히 놓고 소금과 후추로 간한 다음, 화이트와인과
올리브오일을 뿌린다. 그 위에 버터를 올리고, 레몬과 로즈마리를 올린다.

3 유산지를 덮고 칼집을 낸다
그 위에 다시 유산지를 덮어 봉투 접듯이 아래 유산지의 변과 마주 접는다.
유산지 속에 있는 내용물이 잘 익도록 살짝 칼집을 내어 공기구멍을 만든다.

4 오븐에 굽는다
180℃로 예열한 오븐에서 20분가량 굽는다.

5 완성
유산지를 뚜껑 열듯 개봉한 뒤 맛있게 먹는다.

 **호진's TIP**

• 화이트와인과 함께 마시면 맛도, 분위기도 최고!

TRY THIS

1 2
3 4 5

102

쇠고기샐러드

쇠고기샐러드는 동서양의 만남과도 같다. 쇠고기는 불고기소스에 재워 불고기처럼 굽고,
양념은 지중해식소스를 사용하는데, 한국적인 불고기 맛과 이국적인 지중해식소스의 만남이
의외로 잘 어울린다. 상큼한 채소와 친숙한 맛의 불고기가 어우러져 한 끼 식사로도 훌륭하기에
특히 여자들이 굉장히 좋아한다. 나는 쇠고기를 좋아해서 다양한 시도를 해보곤 하는데,
서양의 샐러드 맛을 내고 싶을 땐 불고기용 고기가 아닌 다른 부위를 불고기 양념으로 재워서 사용한다.
고기는 같은 양념이라도 부위에 따라 색다른 맛을 즐길 수 있기 때문이다.
샐러드는 상쾌한 느낌으로 먹는 음식이라 그런지, 겨울을 제외한 모든 계절과 잘 어울린다.

Ready _ 2~3인분

쇠고기(갈비살) 300g, 로메인상추 2묶음,
적상추 5장, 라디치오 5장,
양파 1/4개, 방울토마토 4개,
그라나파다노 치즈 슬라이스 5쪽
쇠고기 양념 간장 3Ts, 물엿 3Ts,
레드와인 2Ts, 참기름 2Ts, 미림 1Ts,
설탕 2Ts, 다진 마늘 1Ts, 물 150cc,
다진 대파 2Ts
드레싱 엑스트라 버진 올리브오일 4Ts,
꿀 2Ts, 식초 2Ts, 소금 1/2ts, 후추 1/2ts

Recipe

1 쇠고기를 재운다
쇠고기에 분량의 쇠고기 양념 재료를 섞어 넣고 하루 동안 냉장 숙성시킨다.

2 쇠고기를 굽는다
재워둔 쇠고기를 팬에 올려 미디움 정도로 익힌 뒤 먹기 좋게 자른다.

3 채소를 손질한다
양파를 슬라이스해서 다른 채소들과 함께 물에 약 15분간 담가둔다. 방울토마토는 4등분해둔다.

4 접시에 재료를 담는다
접시 밑에 구운 쇠고기를 둘러주고, 물에 담가둔 채소를 꺼내 물기를 털어낸 뒤 먹기 좋은 크기로 잘라 가운데에 담는다. 접시 주위로 방울토마토를 놓는다.

5 완성
재료를 담은 접시에 분량의 드레싱 재료를 섞어 뿌리고 그라나파다노 치즈를 올린다.

참치샌드위치

참치 통조림은 제법 오래된 식재료다. 언젠가부터 요리하는 사람들이 참치로 만들 수 있는
다양한 요리를 연구하기 시작했는데, 당시 나도 참치 통조림에 한동안 빠져서 자주 해 먹곤 했다.
미국에서도 변함없이 사랑받는 정통 클래식 튜나 샌드위치를 만들어보자.

Ready _ 1~2인분

참치 통조림 1통(250g),
샌드위치 호밀빵 2개, 오이피클 3개,
양파 1/2개, 마요네즈 5Ts+α,
머스터드소스 3Ts, 후추 1ts, 소금 1/2ts

Recipe

1 참치를 준비한다
먼저, 참치 통조림을 따서 뚜껑으로 누르면서 국물을 짜낸다.

2 채소와 빵을 준비한다
오이피클과 양파를 잘게 다진다. 빵은 토스트기에 구워내고 안쪽에는 마요네즈를 약간 발라준다.

3 참치 속재료를 만든다
볼에 기름 뺀 참치와 잘게 다진 피클·양파를 담고, 마요네즈 5Ts, 머스터드소스, 후추, 소금을 넣은 후 잘 버무린다.

4 완성
빵에 참치 속재료를 듬뿍 올리고 한쪽 빵으로 덮은 후 먹기 좋은 크기로 잘라 먹는다.

 호진's TIP

- 후추가 많이 들어가면 더 맛있다.
- 기호에 따라 머스터드소스와 마요네즈는 더 첨가해도 좋다.

TRY THIS

전복구이

효우는 아주 어릴 때부터 뭐든지 잘 먹는 편이었다.
전복구이 요리는 전복을 애들에게 먹이면 좋다고 해서 그때부터 자주 해줬던
기초적이고 담백한 요리다. 전복구이에는 내장 빼고 몸통만 사용하는데,
전복을 손질해서 몸통은 효우를 먹이고, 지호와 나는 내장과 남은 전복으로 전복죽을 끓여 먹는다.

Ready _ 2~3인분

전복 3개, 관자 4개(생략 가능),
참기름 3+1/2Ts, 다진 마늘 1Ts,
소금·후추 약간

Recipe

1 재료를 준비한다

전복에서 이빨을 빼고, 전복을 크기에 따라 2~3등분으로 어슷썬다. 관자도 비슷한 크기로 준비한다.

2 참기름에 볶는다

참기름 3Ts을 두른 팬에 다진 마늘을 넣고 볶다가, 전복과 관자를 넣고 볶는다.

3 완성

소금과 후추로 간을 한 뒤, 참기름 1/2Ts을 살짝 뿌려 마무리한다.

 호진's TIP

- 전복 껍질에 붙은 내장도 숟가락으로 마저 긁어뒀다가, 나중에 전복죽 끓일 때 사용한다.
- 후추는 기호에 따라 빼도 좋다.

TRY THIS

전복 손질하기

1 숟가락을 뒤집은 채로 밑을 긁어낸다.
2 내장쪽 끝부분의 전복을 손으로 잡고 껍질
  에서 분리한다.
3 내장도 숟가락으로 긁어낸다.

전복죽

Ready _ 1~2인분

물에 불린 쌀 1cup, 물 800cc,
전복 내장 5개 분량, 참기름 3+1/2Ts,
다진 마늘 1Ts

Recipe

1 쌀을 볶는다

참기름 3Ts을 팬에 두르고 다진 마늘
을 넣어 약한 불로 볶다가 쌀을 넣은
뒤 살살 볶는다.

2 쌀을 끓인다

①에 물을 넣고 끓이다가 전복 내장을
3등분해서 함께 넣은 뒤, 약 15~20분
정도 저으면서 중불에서 끓인다.

3 완성

쌀이 충분히 다 익으면 참기름 1/2Ts을
넣고 저어서 먹는다.

통닭

지호가 EBS 〈최고의 요리비결〉을 진행하고 있을 때, 가정의 달 특집으로
내가 출연해서 직접 만들었던 요리다. 의외로 조리법이 간단하기도 하고
온가족이 둘러앉아 함께 먹을 수 있어서 꼭 선보이고 싶은 요리였다.
어릴 적 전기구이 통닭을 먹던 추억의 요리를 내 스타일대로 만들어보았다.

Ready _ 3~4인분

생닭 1마리, 양파 4개, 당근 1개, 감자 1개,
레몬 1개, 방울토마토 10개,
올리브오일 1/2cup, 로즈마리 3줄기,
소금 · 후추 약간

Recipe

1 통닭을 재운다

양파 3개를 썰어서 믹서기에 간다. 양파 간 것으로 통닭을 골고루 샤워시킨
다. 이 상태로 랩을 씌워 냉장고에서 하루 정도 재운다.

2 채소를 손질한다

남은 양파 1개와 당근, 감자를 어슷썬다.

3 통닭 뱃속을 채워 모양을 잡는다

어슷썬 채소를 재워진 통닭 뱃속에 꽉꽉 채운다. 로즈마리도 1줄기 넣어준다.
그 다음, 한쪽 다리 끝에 칼집을 내고 나머지 다리를 X자로 끼운다. 가슴 부분
에도 칼집을 살짝 내서 양쪽 날개를 각각 끼운다.

4 통닭을 올리브오일로 마사지한다

오븐팬에 통닭을 올리고 올리브오일을 듬뿍 뿌려 마사지해준 뒤, 소금 · 후추
를 약간씩 뿌리고 남은 로즈마리 2줄기로 장식한다. 방울토마토와 레몬을 썰
고 ③에서 남은 채소로 통닭 주변을 채운다.

5 완성

160℃로 예열한 오븐에서 약 40분간 굽는다.

 호진's TIP

• 굽기 전에 올리브오일을 충분히 발라줘야 통닭이 골고루 익는다.

TRY THIS

```
              ┌───┬───┬───┐
 1  │  2  │  3 │ 4 │ 5 │
    │     ├───┴───┴───┘
    │     │  6 │ 7 │
    │     └────┴───┘
```

1   2   3   4   5
          6   7

117

닭가슴살간장소스

우리집과는 다른 스타일의 요리를 하시는 장모님!
어느 날 장모님께서 해주신 닭가슴살간장소스를 밥반찬으로 먹었는데 너무 맛있었다.
결혼을 해서 느끼는 새로운 맛이었다. 장모님은 기본적으로
요리를 좋아하고 맛있게 하신다. 어른이 돼서 먹어본 남의 집 음식 중 단연 최고다.
이렇게 장모님의 요리비법으로 탄생한 '닭가슴살간장소스'를 소개한다.

Ready _ 3~4인분

닭가슴살 4개, 방울토마토 8개, 양파 1/4개,
크레송 약간, 올리브오일 적당량,
소금·후추 약간
닭가슴살 밑간 달걀 1/2개, 우유 2Ts,
올리브오일 2Ts, 다진 마늘 1Ts,
소금·후추 약간
간장소스 간장 2Ts, 다싯물 4Ts, 설탕 4Ts,
청주 4Ts, 생강즙 약간

Recipe

1 닭가슴살을 재운다
고기방망이로 닭가슴살을 잘 두드리고, 분량의 닭가슴살 밑간 재료로 밑간을
해서 냉장고에서 하루 정도 재워둔다.

2 간장소스를 만든다
팬에 분량의 간장소스 재료를 넣고 살짝 끓인다.

3 채소를 볶는다
방울토마토는 4등분하고 양파는 다져서 올리브오일을 두른 팬에 넣고 살짝
볶으면서 소금과 후추로 간한다.

4 닭가슴살을 굽는다
재워둔 닭가슴살을 팬에 올려 간장소스를 뿌려가며 굽는다.

5 완성
③의 볶은 채소를 접시에 올리고 구운 닭가슴살을 먹기 좋게 어슷썰어서 채
소 위에 올려낸 뒤 크레송을 얹는다.

 호진's TIP

· 드라이 바질이나 드라이 로즈마리를 밑간할 때 넣으면 향긋해진다.
· 간장소스에 생강채나 생강즙을 첨가하면 향이 훨씬 좋다.
· 간장소스를 만들 때 다싯물이 없다면 물로 대체해도 괜찮다.

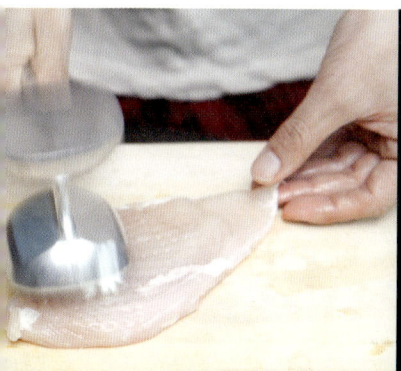

재료손질 노하우?
전문가를 인정하고 최대한 활용하라

"어떻게 먹어야 맛있어요?" 사람들이 흔히 묻곤 하는데, 내가 재료를 손질하고 준비하는 노하우는 전문가를 인정하는 거다. 마트를 가든, 시장을 가든, 준비된 전문가들은 곳곳에서 우리를 기다리고 있다. 뭐, 좀 반갑지 않은 표정으로 있다고 해도 상관없다. 우리는 그들의 능력을 믿고 200% 활용하는 것이 목적이니까.

보통 마트에서 식재료를 홍보하거나 판매하는 분들은 새로운 레시피를 알고 계신 경우가 많다. 평소 잘 알고 있는 식재료라 하더라도 물어보자. 좋아하는 재료로 매일 똑같은 요리만 해서 먹는 건 서글픈 일이다. 요리 팁은 마트 아주머니들이 최고다. 기본적으로 우리나라에서 나는 식재료들은 룰이 있다. 제철재료는 언제 어떤 상품이 좋은지, 장사하시는 분들에게 알아도 묻고 몰라도 물어본다. 이렇게 친분을 쌓아두면 좋은 상품이 나오기 전에 먼저 알려주고 심지어 나오자마자 챙겨주시는 서비스도 덤으로 얻을 수 있다.

예를 들어, 카레를 만들기 위해 마트를 들렀다면 정육점 직원에게 오늘은 카레 고기로 어떤 게 좋은지 먼저 묻는다. 그리고 깍둑썰어 달라고 부탁한다. 갈비찜을 하고 싶다면 기름이 덜 붙은 찜용 고기를 달라고 요구한다. 단, 어떤 요리를 할 때 재료들이 어떤 모양이었으면 좋겠는지 확실히 알고 가야 요구할 수 있다. "머리 줄까요, 말까요?", "지느러미 떼고 드려요?", "내장 정리해드릴까요?" 생선가게 아저씨의 이런 질문 정도는 예상하고 가야 한

다. 탕에는 머리가 들어가야 맛있다. 지느러미가 없는 게 좋으면 손질해달라고 하고, 내장에 관해서는 그들만큼 잘 아는 사람들이 없으니 믿고 맡기자. 그분들이 손질해주시는 걸 마다하지 말자. 혼자 고민하지 말자.

가만히 생각해보면, 우리는 전문가를 인정하는 일에 인색하다. 택시를 타고 "이리로 쭉~ 가서 저쪽 다리로 넘어가주시구요." 하며 도로를 지시하는 일은 기본이고, 약국에 가서도 "감기 걸린 것 같으니 ○○ 주세요!"라며 거침없이 처방까지 내려야 직성이 풀린다. 또, 질문하는 것을 두려워 한다. 목적지를 코앞에 두고도 물어보지 않아 근처를 몇 바퀴씩 도는 수고를 하기도 하고, 사진 찍어달라는 부탁을 못해 결국 추억의 커플사진 한 장 남지 않은 여행도 부지기수다. 더 이상 이런 실수는 하지 말자.

앞으로는 요리과정을 단축시키기 위해 마트에서 날 기다리고 있는 전문가들에게 도움을 청하자. 가서 그들에게 매달려라. 재료를 준비할 때만큼은, "많이 물어보고 먹어보고 새로운 재료를 두려움 없이 활용해보는 것!" 이것이 내가 줄 수 있는 재료손질과 준비 노하우다. 어찌 보면, 채소 씻고 다듬고 고기와 생선 자르는 방법을 알려주는 것보다, 훨씬 도움이 되는 얘기들이다. 이제부터 요리가 한층 더 쉽게 느껴지지 않을까?

PART 03

요리는 맛있어야 한다

식재료와 레시피는 비슷한데도, 분명 맛집과 꽝집은 존재한다.
이를 가만히 보면 아주 작은 차이에서 출발한다.
간은 잘 맞았는지, 물의 양은 얼마나 사용했는지,
냄비뚜껑을 여닫는 타이밍은 언제였는지 등의 자잘한 차이가 맛을 결정짓는다.
그렇다면 왜 사람들은 맛집에 열광하는 걸까? 맛있는 음식이 도대체 뭐길래!
우리는 종종 빵 굽는 냄새와 된장찌개 끓이는 냄새만으로도
금세 무장해제된다. 맛있는 음식은 사람의 마음을 움직이니까.

기분 좋고 행복한 느낌은 힘든 시간을 견디게 해준다.
그러니 요리가 맛있어야 사는 맛도 나는 법이다.

맛있는 음식은 한입 맛보는 순간 감탄사가 터져 나와야 한다.
아무리 좋은 음식이라 해도 맛없는 음식은 약이 아닌 이상 먹고 싶지 않은데,
그 이유는 감탄사를 터뜨렸던 행복한 순간들을 아직도 또렷이 기억하고 있기 때문이다.

맛있는 요리의 감초,
나의 특제 양념소스들

타르타르소스
Ingredient 마요네즈 3Ts, 다진 오렌지 1Ts, 다진 양파 1/2Ts, 다진 피클 1/2Ts, 레몬즙 1ts, 꿀 1ts, 소금 1/2ts, 후추 약간

고추소스
Ingredient 다진 풋고추 2개 분량, 다진 청양고추 2개 분량, 국간장 4Ts, 다시마국물 3Ts

간장겨자소스
Ingredient 간장 1/2Ts, 겨자 1/2Ts, 물 2Ts, 식초 1+1/2Ts, 레몬즙 1Ts, 설탕 1Ts, 소금 1/8ts

카레소스
Ingredient 카레가루 1Ts, 물 1Ts

간장소스
Ingredient 간장 1Ts, 식초 1Ts, 고춧가루 1ts, 다진 마늘 1ts, 설탕 1ts

돈가스소스
Ingredient 케첩 2Ts, 바베큐소스 2Ts, 머스터드 2Ts, 핫소스 1Ts, 마요네즈 1Ts, 레몬즙 1Ts

폰즈소스
Ingredient 샤브샤브간장 3Ts, 다싯물 3Ts, 식초 2Ts, 레몬즙 1Ts

허니머스터드소스
Ingredient 꿀 4Ts, 겨자 4Ts, 요거트 2Ts, 마요네즈 1Ts, 레몬즙 1Ts

땅콩소스
Ingredient 땅콩버터 1Ts, 레몬즙 2Ts, 올리브오일 2Ts, 다진 양파 1/2Ts, 다진 마늘 1/2Ts, 꿀 1ts, 간장 1/2ts, 소금·후추 약간

고추장소스
Ingredient 다진 양파 1/2개 분량, 다진 마늘 4개 분량, 다진 대파 흰부분 1대 분량, 다진 청고추 1개 분량, 다진 홍고추 1개 분량, 간장 3Ts, 고추장 5Ts, 설탕 3Ts, 미림 3Ts, 참기름 3Ts

브로콜리파스타

외국에 여행을 가면 TV로 음식 프로그램을 자주 보는 편이다.
그 나라 말을 잘 알아듣진 못해도 다행히 음식에 대한 용어는 다들 비슷하니까!
언젠가 일본에서 촬영준비 중에 메이크업을 하다가, 방송에서 브로콜리파스타를 만드는 걸 보게 됐다.
그런데, 한눈에 너무 맛있어 보여서 한국에 돌아와 많이 해 먹었던 요리다.
그걸 내 식으로 약간 바꿔봤는데, 반응이 좋았다.
역시 요리는 많이 보고 듣고 먹어보고 만들어봐야 한다.

Ready _ 2인분

브로콜리 1/2개, 파스타 면 150~160g,
마늘 2개, 양파 1/8개, 엔초비 1마리,
올리브오일 적당량, 소금·후추 약간,
파마산 치즈 약간

Recipe

1 면을 삶는다

끓는 물에 파스타 면을 넣고 삶는다. 삶는 시간은 파스타 봉지에 친절하게 쓰여 있는 시간에서 1분 혹은 30초만 덜 삶으면 된다.

2 채소를 손질한다

마늘은 슬라이스해두고 양파는 잘게 다져둔다. 브로콜리는 적당히 썰어서 살짝 데친다.

3 채소를 볶는다

올리브오일을 팬에 넉넉히 두르고 슬라이스한 마늘을 충분히 볶는다. 마늘이 약간 갈색빛을 띠면 올리브오일에 마늘향이 충분히 베어난 것이다. 마늘향이 베어나면 다진 양파를 넣고 함께 볶는다.

4 엔초비와 브로콜리를 넣고 볶는다

통조림에서 엔초비 1마리를 꺼내 함께 볶는다. 엔초비가 풀어져서 형태가 없어지면 다 익은 것이다. 데친 브로콜리를 넣고 볶으면서 소금, 후추로 간한다. 엔초비가 들어갔으니 너무 짜지 않도록 소금은 많이 넣지 않는다.

5 파스타와 채소를 함께 볶는다

④에 삶아둔 면을 넣고 함께 볶는다.

6 완성

올리브오일을 뿌려서 윤기있게 만든 뒤, 그릇에 옮기고 파마산 치즈를 뿌려준다.

 호진's TIP

- 면은 스파게티니가 좋다.
- 엔초비를 좋아한다면 1마리 정도 더 넣어도 좋다. 단, 너무 짜지지 않게 주의!
- 볶은 채소와 삶은 면을 함께 볶을 때, 면 삶은 물을 육수로 사용해서 조금씩 첨가하며 볶으면 좋다.
- 면 삶은 시간과 소스가 만들어지는 시간이 같아서 바로 버무리면 좋다.

달래스프

샤야99에서는 제철 건강재료를 활용해서 만든 달래스프가 인기메뉴인데,
달래를 갈아 넣어서인지 봄내음이 입안을 가득 채워주는 즐거움을 맛볼 수 있다.

Ready _ 5~6인분

달래 40g, 감자(중간 크기) 3개, 양파(중간
크기) 200g, 대파 50g, 물 4cup,
우유 1cup, 생크림 5Ts, 치킨스톡 1개,
올리브오일 적당량, 소금·후추 약간

 **호진's TIP**

• 달래향이 날아가지 않도록 살짝만 끓
여준다.
• 달래 뿌리의 흰 부분만 요리에 쓰고 푸
른 부분은 가니쉬로 이용한다.

Recipe

1 재료를 손질한다
달래는 믹서기에 갈기 좋게 적당한 크기로 썰어둔다. 감자는 얇게 슬라이스해
서 찬물에 담가 전분기를 뺀다. 양파와 대파는 가늘게 썰어둔다.

2 채소를 볶는다
냄비에 올리브오일을 두르고 양파와 대파를 볶는다. 양파가 투명해지면, 체
에 밭쳐서 물기를 뺀 감자를 넣고 살짝 볶다가 물과 치킨스톡을 넣고 푹 끓
여준다.

3 믹서기에 넣고 간다
②와 준비해놓은 달래를 믹서기에 넣고 갈아준다.

4 완성
③을 냄비에 부은 뒤 우유와 생크림을 넣고 섞어서 살짝 끓인 후, 소금과 후
추로 마무리한다.

은행스프

지난 가을, 샤야99의 3층 창밖에서 손을 뻗으면 닿을 듯한 곳에 서 있는 은행나무가 한창일 때!
지인을 모아 은행파티를 열었는데, 가을이 가기 전에 은행의 추억을 혀끝에 담아보고 싶어졌다.
은행과 대파는 궁합이 잘 맞는다. 달콤하면서도 고소하고 쌉싸름한 뒷향까지….
사람들에게 인기만점인 샤야의 대표 스프가 그렇게 탄생했다.

Ready _ 5~6인분

깐 은행 200g, 양파 200g, 대파 100g,
치킨스톡 1+1/2개, 물 4cup, 우유 1cup,
생크림 3Ts, 올리브오일 적당량,
소금·후추 약간

Recipe

1 재료를 다듬는다
양파는 얇게 썰어두고, 대파도 잘게 썰어둔다.

2 재료들을 볶는다
팬에 올리브오일을 두르고 은행, 양파, 대파를 모두 넣어 중불에서 숨이 죽을
때까지 볶는다.

3 끓인다
②에 치킨스톡과 물을 넣고 중불에서 30분 정도 끓인다.

4 믹서기에 넣고 간다
③의 농도가 짙어지면 불에서 내려, 믹서기에 넣고 곱게 갈아준다.

5 완성
냄비에 ④를 붓고 우유와 생크림을 넣어서 다시 한번 끓인 뒤 소금, 후추로
간한다.

치즈피자

집에 남아 있는 치즈를 다 쓸 수 있는 행복한 뒷정리 요리다.
조금만 고민해보면 또띠아로 할 수 있는 요리가 많은데, 피자 같은 재미있는 요리를 만들어보고 싶었다.
치즈피자와 나쵸를 섞은 것 같은 맛을 즐길 수 있어서 간단한 술안주로도 좋다.
치즈의 느끼한 맛을 보완하기 위해 페페론치니로 매운맛을 첨가해 색다른 맛을 시도해보았다.

Ready _ 2~3인분

또띠아 1장, 달걀 노른자 1개 분량,
페페론치니 가루(또는 고춧가루) 적당량,
채썬 모짜렐라 치즈 적당량,
각종 치즈 적당량,
루꼴라(또는 상추) 적당량,
새싹채소 적당량, 소금 · 후추 약간,
발사믹소스 · 꿀 적당량
소스 마요네즈 2Ts, 플레인 요구르트 1Ts

Recipe

1 피자 재료를 세팅한다

또띠아에 달걀 노른자를 골고루 바르고 소금, 후추를 뿌린다. 기호에 따라 페
페론치니를 골고루 뿌려준다. 채썬 모짜렐라 치즈를 듬뿍 올리고, 치즈들을
모아서 그 위에 올린다. 집에 있는 각종 치즈를 활용하면 좋다.

2 오븐에 굽는다

180℃로 예열한 오븐에서 8~10분 정도 굽는다.

3 채소를 준비한다

루꼴라를 깨끗이 씻어 잘게 잘라둔다.

4 완성

구운 피자를 꺼내서 부서지지 않도록 조심해서 자르고, 그 위에 새싹채소
를 뿌리고 잘라둔 루꼴라를 올린다. 분량의 소스 재료를 섞어 발사믹소스
와 함께 줄줄이 뿌려주고, 꿀은 따로 담아낸다.

 호진's TIP

• 페페론치니나 고춧가루를 뿌려주면 매콤하면서 개운한 맛의 피자를 즐길 수 있다.

TRY THIS

1	4
2	3	5

비빔국수

우리 가족들은 다들 국수를 참 좋아하기 때문에, 비빔국수는 우리집 단골 메뉴 중 하나다.
비빔국수야 워낙 만드는 방법이 다양하지만 어릴 적 출출할 때면 간장에 설탕과 참기름만 넣고 비벼 먹던
그 맛은 정말 최고였다. 물론 지금은 비빔국수를 매운맛에 먹지만 말이다.

Ready _ 2인분

일본 우동면(또는 중면 이상 되는
두꺼운 면) 2묶음, 상추 5장
양념장 다진 김치 5Ts, 청양고추 1개,
식초 2Ts, 고추장 2Ts, 고춧가루 1Ts,
설탕 2Ts, 통깨 2Ts

Recipe

1 면을 삶는다
면을 삶아 찬물에 헹궈낸다.

2 양념장을 만든다
양념장 재료의 청양고추는 쫑쫑 썰고 나머지 분량의 양념장 재료와 함께 잘
섞는다.

3 상추를 썰어둔다
상추는 깨끗이 씻어 먹기 좋은 크기로 잘게 썰어둔다.

4 완성
그릇에 면을 담고 상추와 양념장을 넣어서 맛있게 비벼 먹는다.

도토리묵샌드위치

난 시장이나 마트를 둘러보는 게 좋다. 그중 큰 즐거움은 시식코너다.
새로 나온 것, 혹은 알고 있었지만 먹어보지 못한 것들을 알아가는 즐거움 때문이다.
특히 일본 여행 때마다 놓치지 않는 대형마트나 백화점 식품부는 나에게 보물창고다.
초콜릿과 각종 빵, 커피와 차, 과일과 절임 종류 등등…. 이렇게 혀끝으로 기억해뒀던 식재료들은
'이러이러한 게 있으면 이 요리에 좋겠다' 하고 고민할 때마다
훌륭한 요리 아이템으로 떠오르곤 한다. 그중 하나가 일본에서 시식했던
말린 도토리묵이다. 우리나라에서 늘 먹던 도토리묵을 건조시켜
마치 고기를 씹는 식감처럼 쫄깃하고 고소하게 즐길 수 있다.

Ready _ 2~3인분

도토리묵 1팩, 쇠고기 간 것 150g,
슬라이스 치즈 2장, 찹쌀가루 약간,
포도씨유 적당량, 통깨 약간
쇠고기 밑간 다진 마늘 1ts, 청주 1/2Ts,
소금·후추 약간
김치속 생김치 120g, 식초 1ts, 설탕 1ts,
참기름 1/2ts, 통깨 약간
쑥갓초간장소스 쑥갓 5줄기, 식초 1ts,
참기름 1ts, 미림 1ts, 간장 1/2ts, 통깨 1ts

Recipe

1 쇠고기를 재운다
쇠고기는 분량의 쇠고기 밑간 재료를 넣어 재워둔다.

2 도토리묵을 부친다
도토리묵 옆쪽에 칼집을 넣어 반으로 가른 뒤 십자로 썰어 5~6cm 크기의 4
조각을 만든다. 찹쌀가루를 도토리묵에 골고루 묻히고, 포도씨유를 두른 팬에
놓고 아주 살짝 굽다가 그 위에 슬라이스 치즈를 반씩 잘라 올린다.

3 쇠고기 패티를 만든다
팬에 포도씨유를 두르고 재워둔 쇠고기를 올려 약불로 익힌다. 쇠고기는
100% 다 익히지 않아도 무방하다. 익힌 쇠고기를 도토리묵 크기로 잘라 2조
각으로 만든다.

4 김치속을 만든다
김치속 재료의 생김치를 잘게 썰고 나머지 김치속 재료와 함께 조물조물 무
쳐둔다.

5 도토리묵샌드위치를 만든다
치즈를 올린 도토리묵을 접시에 담고, 그 위에 쇠고기 패티와 김치속을 올리
고, 다시 치즈를 올린 도토리묵으로 덮는다.

6 완성
분량의 쑥갓초간장소스 재료를 섞어 도토리묵샌드위치 위에 올리고 통깨를
흩뿌려 완성한다.

 호진's TIP

- 김치속에 들어가는 생김치는 신김치일수록 좋다.
- 쑥갓초간장소스에서 쑥갓은 잎을 살려 고명처럼 쓴다.

샤프란리조또

샤프란은 샤프란 크로커스라는 꽃의 황금색 끝이 뾰족한 암술머리를 말려 가루를 낸 것이라, 전 세계에서 그램당 가장 비싼 향신료다.

내가 가지고 있는 샤프란은 스페인 여행 중에 직접 구입한 것이다.
국내에서도 남대문 식료품 수입상가나 인터넷 쇼핑몰에서 구입할 수 있다.
의외로 우리나라 사람들이 빠에야나 리조또를 좋아하는데, 아마도 쌀을 먹는 민족이라서 그런 게 아닌가 싶다.
나는 개인적으로 리조또에 들어가는 쌀을 푹 익히는 편이다.
나처럼 입안에서 쌀알이 곤두서는 느낌이 싫은 분들은 쌀을 좀 더 익혀서 드시길 권한다.

Ready _ 2인분

씻어나온 쌀 수북하게 1cup,
올리브오일 20g, 버터 20g,
양파 1/2개(또는 샬롯 1+1/2개),
다진 마늘 1ts, 샤프란 가루 0.2g,
소금 · 후추 약간, 화이트와인 1/2cup,
파마산 치즈 가루 적당량, 크레송 1줌,
물 4cup, 치킨스톡 1+1/2개

Recipe

1 육수를 만든다
물에 치킨스톡을 넣고 끓여 육수를 준비해둔다.

2 양파를 다진다
양파를 잘게 다진다. 양파 대신 샬롯(양파와 마늘 사이의 맛을 가진 채소)을 넣으면 특별한 풍미를 더욱 살릴 수 있다.

3 팬에 볶는다
달궈진 팬에 올리브오일과 버터를 1대 1의 비율로 넣고, 다진 양파와 다진 마늘을 넣은 후 쌀을 붓고 함께 볶는다. 쌀의 잡내를 제거하기 위해 화이트와인을 붓고 쌀이 투명해질 때까지 계속해서 볶는다.

4 육수를 붓는다
③에 육수를 조금씩 부으면서 농도를 맞춰가며 저어준다. 이때 육수를 한 번에 다 부으면 찰기가 떨어질 수 있으므로 반드시 여러 번에 걸쳐 넣는다. 기호에 따라 생크림을 첨가해도 좋다.

5 샤프란 가루를 넣는다
쌀이 어느 정도 익었을 때 샤프란 가루를 넣어 색을 낸 뒤, 파마산 치즈 가루를 넣고 조금 더 볶고 소금으로 간한다.

6 완성
그릇에 담고 크레송을 올린 뒤, 파마산 치즈 가루와 후추를 뿌려준다.

 호진's TIP

• 리조또를 만들 때는 '씻어나온 쌀'로 만들어야 맛있다.
• 양파를 입에 물고 썰면 눈물을 방지할 수 있다고 한다. ^^

크림파스타

달콤하고 부드러운 '크림파스타'는 효우를 위해 만든 요리다. 효우에게 만들어줄 때는
일부러 버섯을 많이 넣는다. 국수 두께로 길게 잘라 넣은 버섯과 파스타를
효우는 잘 구별하지 못한다. 물론 크림파스타는 다른 파스타에 비해 열량이 높긴 하지만,
우유를 많이 넣고 크림의 양을 줄여서 만들면 그리 부담스럽지는 않다.

Ready _ 2인분

파스타 면 150~160g, 베이컨 50g,
새송이버섯 1개, 시금치 20장,
다진 양파 5Ts, 우유 1+1/2cup,
생크림 1/2cup, 올리브오일 적당량,
소금·후추 약간, 이태리 파슬리 약간

Recipe

1 면을 삶는다
끓는 물에 파스타 면을 넣고 삶는다.

2 재료를 손질한다
베이컨은 잘게 썰어두고, 새송이버섯은 채썰어둔다. 시금치는 깨끗이 씻어 한
입에 먹기 좋게 다듬어둔다.

3 크림소스를 만든다
올리브오일을 적당히 두르고 베이컨을 볶다가 노랗게 익으면 다진 양파를 볶
는다. 여기에 우유와 생크림을 넣고, 소금·후추로 간한 뒤 어느 정도 농도가
생기면 채썰어둔 새송이버섯과 시금치를 넣고 저으면 농도가 짙어진다.

4 크림소스에 삶은 면을 넣는다
완성된 크림소스에 삶은 면을 넣고 30초 정도 함께 저어준다.

5 완성
그릇에 담고 이태리 파슬리를 올려주면 완성.

 **호진's TIP**

• 소스 만들기가 끝나는 시간과 면이 다 끓는 시간을 잘 맞출 줄 알아야
 진짜 파스타의 달인이다.

브로콜리깨무침

일본의 마샤 스튜어트로 불리는 구리하라 하루미(Harumi Kurihara).
우연히 알게 된 그녀에게서 배운 일본 가정식 요리 중 하나다.
그때 나에게 해줬던 요리가 너무 쉬워 보였고, 또 맛도 있었다.
일본 가정식에 대한 새로운 느낌을 선물해준 그녀에게 감사를~!

Ready _ 2인분

브로콜리 1개, 참깨 25g, 설탕 2ts,
간장 1/2Ts, 미림 1/2Ts, 소금 약간

Recipe

1 깨를 간다

참깨를 팬에서 살짝 볶은 다음 절구에 담고 갈아준다. 계속 갈면 깨 자체에
기름이 있어서 퓨레 상태가 된다.

2 설탕과 미림을 넣는다

퓨레 상태의 깨에 설탕을 넣고 갈다가 미림을 넣고 몇번 정도 더 섞어준다.

3 브로콜리를 삶는다

브로콜리는 마디마디 떼어서 끓는 물에 소금을 조금 넣고 살짝 삶아서 건져
낸다.

4 완성

②에 브로콜리를 넣고 버무린다.

 **호진's TIP**

• 달궈진 팬에 깨를 넣고 볶을 때는 살짝 열만 가하는 느낌이어야 한다. 절대 타면
  안 된다.
• 돈가스소스를 만들 때처럼 절구에 깨를 갈아준다. 팔 힘이 좋을수록 소스 만들
  기가 수월하다.^^

TRY THIS

150

깻잎말이치즈돈가스

중학교 2학년 때였다. 엄마가 데려간 명동 돈가스 집에서 난 돈가스 종결자를 맛보고 말았다.
세상에 이런 맛이 있을 수도 있구나! 이전까지는 고기는 거의 없고 밀가루 투성이였던
경양식집 돈가스에도 열광했었는데, 그날 이후 입맛이 완전히 바뀌고 말았다.
튀김옷 속에서 엄청나게 두꺼운 돼지고기 맛을 보고, 독특한 소스의
매력에 푹 빠져버렸기 때문이다. 지금은 두꺼운 돈가스가 많지만
그때만 해도 그건 획기적인 사건이었다.
난 아직도 명동 돈가스를 먹으면 기분이 좋아져서 비시시 웃음이 나오곤 한다.

Ready _ 2인분

돼지고기 등심 300g, 깻잎 6장,
채썬 모짜렐라 치즈 150g,
밀가루 · 달걀물 · 빵가루 · 튀김유 적당량
돼지고기 밑간 생강즙 1ts, 미림 1ts,
소금 1/2ts, 후추 1/2ts
돈가스소스 물 1/2cup, 우스터소스 2Ts,
케첩 2Ts, 간장 1Ts, 꿀 1/2Ts, 소금 약간

Recipe

1 고기를 준비한다
깻잎보다 조금 큰 크기로 얇게 썬 돼지고기 등심을 준비하고, 분량의 돼지고기 밑간 재료로 밑간해둔다.

2 고기를 방망이질한다
밑간해둔 고기를 고기방망이로 두드려 되도록 얇고 넓게 편다.

3 재료를 올리고 모양을 만든다
얇게 편 고기 위에 깻잎을 올리고 모짜렐라 치즈를 튀어나오지 않게 적당히 올린 뒤 돌돌 만다.

4 튀김옷을 입힌다
밀 · 달 · 빵 한다. 즉, 밀가루를 묻히고, 달걀물에 적신 뒤, 빵가루를 묻힌다.

5 튀긴다
④의 고기를 170℃의 튀김유에 튀겨낸다. 기름을 충분히 뺀 뒤 대각선으로 잘라 색이 예쁘게 배치된 돈가스의 속살이 보이도록 놓는다.

6 소스를 만든다
팬에 분량의 돈가스소스 재료를 모두 넣고 한소끔 끓여둔다.

7 완성
튀긴 돈가스와 돈가스소스를 함께 낸다.

 호진's TIP

• 고기를 살 땐 최대한 넙적하게 썰어 달라고 주문한다.

TRY THIS

154

된장수제비

우리집에 계셨던 도우미 아주머니 중에 중국에서 온 분이 계셨는데,
자주 해주셔서 배운 수제비다. 숟가락으로 떠 넣는 수제비가 아니라
가래떡을 잘라 넣은 수제비 모양이 특이하고 재밌다.
새로운 걸 배우는 일은 언제나 즐겁다.

Ready _ 2인분

멸치 다싯물 1L, 건새우 1줌,
조선된장 1Ts, 일본된장 1Ts, 채썬 파 1Ts,
다진 마늘 1Ts, 고춧가루 1/2ts, 설탕 1/2ts
밀가루 반죽 밀가루(중력분) 200g,
물 100cc, 포도씨유 1ts

Recipe

1 반죽한 밀가루를 휴지시킨다
분량의 밀가루 반죽 재료를 반죽하여 비닐봉지에 넣은 뒤, 30분 정도 냉장고
에서 휴지시킨다.

2 육수를 준비한다
멸치 다싯물에 조선된장과 일본된장을 풀어준 뒤 건새우를 함께 넣어 끓인다.

3 밀가루 반죽을 길게 늘이고 칼로 자른다
휴지시킨 밀가루 반죽을 가래떡처럼 길게 만든 다음, 먹기 좋은 크기만큼 칼
로 동글동글 잘라준다.

4 완성
육수가 끓으면 반죽을 하나씩 넣고 채썬 파, 다진 마늘, 고춧가루, 설탕을 넣
어서 한소끔 끓인다.

 호진's TIP

• **멸치 다싯물 만들기** 물 1.5L에 멸치 1줌과 손바닥만 한 크기의 다시마 1장을
넣고 끓기 시작하면 다시마를 건져내고 완성되면 멸치를 건져낸다.
• 밀가루 반죽을 휴지시키면 더욱 쫀득쫀득해진다.

TRY THIS

```
        | 1 | 2 | 3
        |----+---+----
            | 4 | 5
```

1 | 2 | 3
4 | 5

떡국

나는 일명 '매운 양념 다대기'를 애용한다.
고춧가루와 다진 마늘, 참기름을 섞어 만든 굉장히 된 양념장인데,
만둣국이나 떡국, 칼국수 등에 풀어서 먹으면
칼칼하면서도 매운맛을 느낄 수 있다.
어쩌면 떡국도 다대기 맛에 만들어 먹는지도 모를 정도다.

Ready _ 2인분

떡국 떡 400g, 어슷썬 파 2Ts,
국간장 1Ts, 참치액젓 1/2Ts,
다진 마늘 1Ts, 후추·소금 약간
육수 물 1.5L, 쇠고기 200g, 멸치 1줌,
다시마 2장
쇠고기 밑간 다진 마늘 1Ts, 미림 1ts,
국간장 1ts, 참기름 1ts, 설탕 1/2ts,
소금·후추 약간
양념 다대기 고춧가루 2Ts,
다진 마늘 2Ts, 참기름 2Ts

Recipe

1 육수를 만든다
분량의 육수 재료를 냄비에 넣고 쇠고기가 푹 익을 때까지 끓인다.

2 양념 다대기를 만든다
육수가 만들어지는 동안, 분량의 양념 다대기 재료를 섞어 양념 다대기를 만들어둔다.

3 떡을 넣는다
육수에 떡을 넣고 한소끔 끓인 뒤 국간장, 참치액젓, 다진 마늘, 후추와 소금으로 간한다.

4 고명을 준비한다
육수를 만드는 과정에서 익혀진 쇠고기를 꺼내 잠시 식혔다가 쭉쭉 찢어 분량의 쇠고기 밑간 재료를 넣고 조물조물 무친다.

5 완성
떡국을 그릇에 담고 준비한 고명과 어슷썬 파를 얹은 후, 양념 다대기를 떡국에 풀어서 먹는다.

참치육회

참치를 먹으러 가면, 주방장이 비싼 부위를 가져오며 꼭 하는 말이 있다.
"맛이 쇠고기랑 비슷해요!" 그래서 한번 참치를 육회로 만들어보면 어떨까 생각해봤다.
쇠고기가 아닌 참치로 만든 육회.
하지만, 맛은 웬만한 쇠고기보다 더 좋다.
처음에 고추장소스로 만들어봤더니 참치 맛이 너무 돋보여서,
간장소스를 이용했더니 참치 맛이 한결 깔끔하고 부드럽다.
한 가지 주의사항이 있다! 만들자마자 바로 먹어야 제맛이 나는 요리라는 사실!

Ready _ 2인분

참치 400g, 배 1/2개, 다진 파 2Ts,
메추리알 노른자 1개 분량
참치육회소스 참기름 3Ts, 간장 1Ts,
다진 마늘 1Ts, 매실즙 1Ts, 설탕 1ts,
소금 1/4ts, 후추 약간

Recipe

1 배를 채썬다
배를 채썰어서 접시 한가운데 가지런히 담는다.

2 참치를 양념한다
참치는 채썰어서 분량의 참치육회소스 재료와 다진 파를 넣고 조물조물한 뒤,
동그랗게 만들어 아래 위를 조금씩 눌러주고, 채썬 배 위에 올린다.

3 완성
메추리알 노른자를 맨 위에 조심스레 올리면 완성.

갈비찜

초등학교 4학년 실과시간이었다. 과일을 깎아서 담아내는 과제가 나왔는데
아무도 할 줄 몰라서 내가 했던 기억이 난다. 11살에 과일칼을 쥐고 서툴게 솜씨를 발휘하던 내가,
이제는 갈비찜에 들어가는 각종 재료들을 능숙한 솜씨로 돌려깎는 경지에 이르렀다.
어쩔 수 없이 칼질을 많이 해야 했던 환경에서 자란 것도 아닌데, 내가 생각해도 참 신기하다.
모르긴 해도, 좋은 일에 쓰라고 하늘이 주신 재능이 아닐까 싶다.
한식에 쓰이는 웬만한 재료와 요리법이 모두 담겨 있다는 한식의 꽃, 갈비찜!
그래서 잔칫상에 빠지면 더욱 서운한 음식!
정성과 실력을 모두 보여줄 수 있는 '갈비찜'을 소개한다.

Ready _ 2~3인분

찜용 갈비 600g, 당근 1/2개, 무 200g,
물 1cup, 간장 5Ts, 참기름 1Ts
재움장 레드와인 6Ts, 설탕 2Ts
양념장 배 1/4개, 양파 1/4개,
생강 슬라이스 1쪽(2~3g), 마늘 3개,
물 2cup, 맛술(청주) 3Ts, 설탕 2Ts,
물엿 2Ts, 후추 1/2Ts

호진's TIP

· ①번 과정에서 육즙을 그대로 살리고
  싶다면 체에 밭쳐 핏물을 빼고 물로 한
  번 씻는다.
· 양념이 잘 배지 않으므로 간장은 양념
  장에 넣지 않고 나중에 졸일 때 넣는다.

Recipe

1 핏물을 뺀다
갈비를 4~5시간 물에 담가 핏물을 제거한다. 물에 넣지 않고 체에 넣어 핏물
을 빼는 방법도 있다.

2 기름을 제거하고 설탕에 버무린다
기본적으로 갈비는 기름이 많기 때문에 핏물을 뺀 갈비의 기름을 꼼꼼히 제
거한다. 씻어놓은 갈비는 분량의 재움장 재료와 함께 버무려둔다.

3 양념장을 만든다
분량의 양념장 재료를 믹서기에 넣고 간다.

4 갈비를 양념장에 재운다
②의 갈비에 양념장을 넣고 반나절 정도 재운다.

5 채소를 손질한다
당근과 무를 먹기 좋은 크기로 자르고 모서리를 돌려깎는다. 모서리를 도려내
지 않으면 모서리가 떨어지고 뭉개져서 지저분해진다.

6 완성
냄비에 재워둔 갈비와 채소, 물을 넣고 불에 올려 간장을 넣어가면서 졸인 뒤
참기름으로 마무리한다.

죽순밥

생죽순은 5~6월 한철만 먹을 수 있어, 마트에 나오면 꼭 사서 해 먹고 싶어지는 식재료다.
주재료는 죽순뿐만 아니라 콩나물이나 조개 등으로 바꿔도 무방하지만,
양념장만은 안 된다. 실은 양념장이 죽순밥보다 더 포인트가 되기 때문이다.

Ready _ 4인분

생죽순 1개, 쌀 3cup, 물 적당량, 미림 1ts,
소금 약간
호두 양념장 다진 견과류(호두) 4Ts,
잘게 썬 청고추 1Ts, 잘게 썬 홍고추 1Ts,
물 6Ts, 간장 5Ts, 설탕 2Ts,
고춧가루 2Ts, 참기름 2Ts, 다진 파 1Ts,
다진 마늘 1/2Ts, 통깨 약간

Recipe

1 쌀을 충분히 불린다
쌀을 20~30분 전에 미리 불려둔다.

2 죽순을 데친다
손질된 죽순을 쌀뜨물과 물을 섞은 물에 살짝 데친 뒤 모양을 살려 슬라이스
한다.

3 밥을 짓는다
기존 밥물보다 20% 정도 덜 잡고 미림과 소금으로 살짝 간한 뒤 데친 죽순과
불린 쌀을 넣고 밥을 한다.

4 호두 양념장을 만든다
밥이 되는 동안 분량의 호두 양념장 재료를 섞어둔다.

5 완성
밥이 다 되면, 호두 양념장을 비벼 맛있게 먹는다.

 호진's TIP

• 생죽순을 구하기 힘든 시기에는 죽순 통조림을 이용해도 상관없다.
• 호두 양념장은 콩나물밥, 홍합밥, 조개밥, 곤드레밥 등에 응용해도 아주 맛있다.

양념칼국수

점점 나이를 먹을수록 뭔가 지나친 게 싫어진다. 고기만 진하게 우려낸 국물도 별로고,
멸치맛이 너무 강한 국물도 싫다. 그저 담백한 국물 생각에 얼마 전부터 내가 자주 끓여 먹는 칼국수다.

Ready _ 3~4인분

생소면 1개, 멸치 다싯물 1.5L
양념장 간장 3Ts, 국간장 1/2Ts,
고춧가루 2Ts, 설탕 1Ts, 미림 1Ts,
통깨 1ts, 참치액젓 1/2Ts, 홍고추 1개,
청양고추 1개, 다진 파 1ts, 다진 마늘 1ts,
후추 약간

Recipe

1 면을 손질한다
생소면을 찬물에 살짝 헹궈서 밀가루를 씻어내고 멸치 다싯물에 넣어 끓인다.

2 완성
분량의 양념장 재료를 섞어 식성에 따라 풀어 먹는다.

 호진's TIP

• **멸치 다싯물 만들기** 물 2L에 멸치 1줌과 손바닥만 한 크기의 다시마 1장을
넣고 끓기 시작하면 다시마를 건져내고 완성되면 멸치를 건져낸다.

샤야잡채

어릴 적 기억에 잔칫날이나 집안 행사가 있는 날이면 어김없이 등장하는 잡채!
큰 다라이(함지박)에 수많은 재료들을 넣고 뜨거워서 후후 불어가며 무쳐 먹곤 했었는데….
채식주의자들을 위해 개발한 샤야 잡채는 좀 색다르다. 함께 넣고 버무리던 잡채의 재료들을 각각 준비해서
따로따로 큰 접시에 담아낸 뒤, 원하는 재료들을 골라서 직접 버무려 먹게끔 했다.
피자도 토핑하는 건 먹는 사람 맘이고, 철판 볶음밥도, 아이스크림도
원하는 재료를 선택하는데, 한식 대표 잔치음식인 잡채라고 못할 건 없지.
늘 먹던 거지만 재미있지 않은가?

Ready _ 4인분

당면 100g, 오이 1개, 시금치 1단,
콩나물 2줌, 당근 1/2개, 양파 1/2개,
목이버섯 1줌, 쇠고기 150g,
참기름·소금·포도씨유·통깨 적당량
쇠고기 밑간 간장 2Ts, 설탕 1Ts,
참기름 1Ts, 다진 마늘 1/2ts, 후추 1/2ts
양념장 간장 4Ts, 식초 2Ts, 설탕 1Ts,
참기름 1Ts, 통깨 1Ts

Recipe

1 당면을 준비한다
당면은 1시간가량 찬물에 불렸다가 끓는 물에서 1분간 데쳐낸 뒤, 참기름에
버무려 잘라둔다.

2 채소를 손질한다
오이는 동그랗게 썰어 소금에 살짝 절인 뒤 꼭 짜서 포도씨유에 살짝 볶는다.
시금치와 콩나물은 끓는 물에 살짝 데쳐 꼭 짠 뒤, 참기름으로 밑간을 한다. 당
근은 채쳐서 소금에 살짝 절인 뒤 숨이 죽으면 포도씨유에 살짝 볶는다. 양파
는 슬라이스해서, 포도씨유에 살짝 볶으면서 소금으로 간한다.

3 버섯과 쇠고기를 손질한다
목이버섯은 물에 불렸다가 꼭 짜서 그 상태로 기름에 살짝 볶아 먹기 좋게 손
으로 찢어 소금 간을 약간 한다. 쇠고기도 분량의 쇠고기 밑간 재료에 잠깐 재
웠다가 포도씨유에 살짝 볶는다.

4 양념장을 데운다
팬에 분량의 양념장 재료를 넣고 살짝 데워내 따뜻할 때 서빙한다.

5 재료를 세팅한다
긴 접시를 준비하고, 잘라둔 당면을 가운데 놓는다. 손질한 잡채 재료는 색깔
을 고려해서 담은 뒤, 마지막으로 모든 재료 위에 통깨를 뿌려준다.

6 완성
취향에 따라 재료를 선별한 뒤, 따뜻한 양념장을 덜어 개인 접시에 담아 먹는다.

맛있고 상큼하고 가벼운 디저트 이야기

요리를 크게 애피타이저, 메인, 디저트로 나눈다면, 솔직히 디저트는 내가 선호하는 분야는
아니다. 그렇기 때문인지 디저트에 관해서는 꽤 까다로운 편이다. 개인적으로 디저트 생각
이 날 때는 비빔국수나 김치찌개처럼 고춧가루가 많이 들어간 자극적인 음식을 먹은 뒤다.
이럴 땐 초콜릿 하나라도 먹고 싶은 마음이 간절해진다. 하지만, 평소에는 디저트를 먹느니
다른 음식을 하나 더 먹겠다는 주의다. 칼로리가 걱정되기 때문이기도 하고, 기본적으로 단
음식을 썩 좋아하지 않기 때문이다. 게다가 해를 거듭할수록 단것을 지나치게 많이 먹으면
머리가 어지러워지기까지 한다.
대신 상큼하고 예쁜 애피타이저는 날이 갈수록 좋아진다. 가끔은 레스토랑에 가서 메인까
지 포기할 정도로 애피타이저가 좋다. 그럼 도대체 맛있는 디저트 이야기는 왜 하는지 궁금
해 하는 독자들이 있을 거다. 생각해보라. 그래도 내 까다로운 입맛으로 간추려 소개하는
디저트 레시피들이니 얼마나 맛있겠는가! 그나마 간단하면서도 디저트로서 전혀 손색이 없
는 것들을 엄선했으니 믿어서도 좋다. 혹시 디저트 코너가 나올 때까지 기다리기 힘든 성격
급한 분들을 위해 맛보기로 여기서 딱 두 개만 엄선해 소개한다.

딸기팬케이크

꼭 1년 전이었다. 샤야99의 오픈 첫 이벤트가 효우의 생일파티였다.
어떤 케익으로 축하해줄까 고민하다가 한창 딸기 철이었기에 딸기를 활용하기로 했다.
샤야99에서 열린 첫 번째 생일 케이크, 바로 '딸기팬케이크'다.

Ready _ 4인분

딸기(중간크기) 15개,
팬케이크 믹스 · 버터 · 포도씨유 · 휘핑무
스크림 · 연유 적당량

Recipe

1 재료를 손질한다

딸기는 1개만 남겨두고 나머지는 모두 꼭지를 따서 약 1cm 두께로 슬라이스
한다.

2 팬케이크를 굽는다

팬케이크 믹스를 봉지 뒤의 레시피를 참고해 만들어둔다. 버터도 좋지만, 포
도씨유나 올리브유로 구우면 맛이 더 깔끔하기 때문에 버터와 포도씨유를 적
당히 섞어서 사용한다. 만들고 싶은 케이크의 크기만큼 팬케이크를 굽는다.
몇 장을 구울지는 조리사 맘이다!

3 케이크 모양 만들기

접시 위에 팬케이크 1장을 깔고 휘핑무스크림을 올려 평평하게 만든 뒤, 슬라
이스된 딸기로 그 위를 채운다. 그 위에 팬케이크 1장을 얹는다. 만들고 싶은
케익의 높이만큼, 이 작업을 반복한다.

4 완성

①에서 남겨둔 딸기 1개를 한가운데 꽂고 그 위에 연유를 뿌려준다.

 **호진's TIP**

· 촬영차 딸기농장에 갔을 때 사장님께 들은 말인데, 하우스 딸기일 경우 딸기를 가장 맛있게
  먹는 법은 안 씻고 먹는 거라고 한다.^^
· 팬케이크 반죽 만드는 법은 구입한 팬케이크 믹스 포장지에 친절히 쓰여 있으니 참조하시길.
· 휘핑무스크림은 금방 녹기 때문에 팬케이크를 충분히 식힌 뒤 올린다.

티라미수

'티라미수(Tiramisu)'는 이탈리아어로 '나를 기분 좋~게 끌어 올린다(pick me up)'는 뜻이다.
정말 잘 어울리는 이름이다. 티라미수는 내가 정말 잘 만드는 케익 중 하나인데,
만들어서 선물하기에도 좋고, 간단한 방법이지만 특별한 맛과 분위기를 낼 수 있어 좋다.

Ready _ 2인분

크림치즈 60g, 플레인요거트 60g,
달걀 노른자 2개, 달걀 흰자 1개, 설탕 30g,
우유 20g, 젤라틴 2g, 에스프레소 1잔,
코코아가루 · 카스테라 적당량

Recipe

1 크림치즈믹스를 만든다

달걀 흰자는 거품기로 휘핑한다. 달걀 노른자와 설탕을 섞어 따로 휘핑해둔
다. 젤라틴에 상온의 우유를 넣어 풀어준 뒤 식힌다. 크림치즈와 플레인요거
트, 달걀 흰자 휘핑해둔 것, 달걀 노른자와 설탕 휘핑해둔 것, 젤라틴과 우유
를 푼 것을 한데 넣고 잘 섞어 크림치즈믹스를 만든다.

2 시트를 만든다

카스테라를 바닥 모양대로 잘라 용기 밑에 2cm 두께로 깔고, 붓에 에스프레
소를 적셔 카스테라에 발라가며 충분히 적신다. 에스프레소가 없으면 커피가
루를 타서 써도 무방하다.

3 시트 위에 크림치즈를 올린다

커피로 적신 카스테라 시트 위에 ①의 크림치즈믹스를 적당히 올린다. 그 위
에 또다시 에스프레소에 적신 카스테라 시트를 올리고 그 위에 크림치즈믹스
를 올려 2단으로 만든다.

4 완성

그대로 냉장고에 넣어 약 6시간 동안 굳힌다. 꺼낸 뒤 코코아가루를 뿌리면
완성.

 호진's TIP

· 에스프레소는 충분히 발라줄수록 맛이 좋다.

PART 04

요리는
즐거워야 한다

레시피에 '중불에 10분'이라고 써 있다고
10분 내내 끓어져라 불만 지켜보고 서 있지 않길 바란다.
즐겁게 상상하고 재미있게 응용하자.

실패도 좀 하고, 싫은 소리를 몇 번 듣더라도
창의적이고 개성 있는 음식을 만들 때 즐거울 수 있다.

구하려는 재료가 없으면 집에 있는 다른 걸로 대체해보고,
재료의 양과 조리순서도 요령껏 조절해가며 융통성 있게 음식을 만들어보자.
앞뒤가 꽉 막힌 채로 조리를 하면 스트레스 지수가 높아질 테고
음식에도 나쁜 기운이 넘칠 텐데, 먹는 사람이 어떻게 그 음식을 즐길 수 있겠는가!
딱 잘라서 어떤 요리는 쉽고, 어떤 요리는 맛있고, 또 어떤 요리는 즐겁다고
단정 지을 수는 없을 거다. 그러니 우선 마음에 드는 레시피를 고른 뒤,
다 차려진 식탁에 숟가락 하나 달랑 올릴 예쁜 웬수들을 생각하며
즐거운 마음으로 앞치마를 두르기만 하면 되는 거다.

요리가 즐거워지는 장보기 노하우

1. 사람이 없는 시간대를 이용해서 장을 보라
사람에 치여, 줄줄이 소시지처럼 이리저리 떠밀려 다니지 말자. 카트운전이 원활하지 않아 생기는 충돌사고로 성격만 나빠진다.

2. 한 번에 두 마리 토끼를 잡아라
원스톱 쇼핑을 철저히 이용하자. 요즘 마트 중에는 영화관이 함께 있는 곳도 많다. 영화도 보고 장도 보고! 시간도 알뜰하게 쓰고, 기대를 분산시켜 두 배의 만족감을 얻자.

3. 푸드코트가 맛있는 곳을 찾아가라
장보기는 곧 체력이 필요한 일이다. 대부분 장보는 걸 즐기는 사람들은 먹는 것도 좋아한다. 다양하고 맛있는 메뉴의 푸드코트는 즐거운 장보기의 기본이다.

4. 자유롭고 풍성한 시식을 할 수 있는 곳으로 가라
시식코너에 아무리 줄 서 있는 사람들이 많아도 지나치지 말고 기다렸다 먹자. 시식 한 번으로 새로운 세상이 열릴지 모른다.

5. 절대 장보기 싫어하는 사람과는 함께 가지 말라
장보기 싫어하는 사람과 함께 가면 그 사람 눈치 보느라 30분 구경할 것도 5분 내에 헤치우게 된다. 차라리 혼자 가서 그 사람 장을 봐다 주는 게 더 낫다.

6. 두려워하지 말고 새로 나온 재료에 도전하라
식재료에 대한 도전이 없는 식탁은 초라하다. 새롭게 탄생할 요리를 상상하며 재료를 고르는 기쁨을 놓치지 말자.

7. 시간을 여유 있게 갖고 가라
꼭 살 것만 보고 구입하는 건 노동이지 쇼핑이 아니다. 건강보조기구도 이용해보고, 소스도 시식해보고, 유기농 제품 코너도 휘휘 돌며 여유 있게 즐기자.

광어세비체

세비체(Ceviche)는 원래 페루 전통요리다.
날생선살에 라임즙이나 레몬즙, 해물소스, 양파, 올리브오일을 넣고 절여 만든 회요리인데,
우리나라 음식 중 물회와 비슷하다. 그곳 사람들은 세비체를 해장용으로 먹는다.
음식에 라임즙이나 레몬즙이 들어가면 맛도 상큼해지고
다음날 숙취도 덜하기 때문이란다. 광어세비체 레시피라고 해서
광어만 된다고 생각하는 분은 설마 없겠지?
생선살 말고도 새우, 문어, 가리비 같은 재료를 사용하면 또 다른 세비체의 맛을 즐길 수 있다.

Ready _ 3~4인분

회 친 광어 230g,
라임(또는 레몬) 3개, 토마토 1개,
청피망 1/2개, 아보카도 1/2개,
고수 약간, 이태리 파슬리 약간,
올리브오일 1/4cup, 소금 · 후추 약간

Recipe

1 채소를 손질한다
토마토는 먹기 좋게 자르고 씨 부분은 제거한다. 청피망은 약간 굵게 잘라 놓고, 아보카도는 칼집을 내서 작은 큐브 모양으로 잘라 놓는다. 고수와 이태리 파슬리는 다져 놓는다.

2 생선의 비린내를 제거한다
광어를 접시에 깔고 그 위에 라임을 뿌려 비린내를 없애고, 소금, 후추로 간한 다음 올리브오일을 반 정도 뿌려준다.

3 광어회 위에 채소를 올린다
손질한 채소들을 광어회 위에 보기 좋게 올린다.

4 완성
채소를 올린 광어회에 다시 나머지 올리브오일을 뿌리고, 소금, 후추로 한번 더 간한 뒤 라임을 짜서 뿌려 놓는다.

 호진's TIP

• 토마토의 씨 부분은 신맛이 강해서 요리할 때 잘 넣지 않는다.

세 가지 맛 브루스게타

이탈리아 요리를 배울 때 보통은 제일 먼저 배우는 요리다.
'이탈리아 요리 마스터 과정'을 이수하면서 브루스게타를 즐겁게 배운 기억이 있는데,
크기도 작고 레시피도 단순하지만 '나, 이태리제야~!'라며
자신의 존재를 확실히 드러내는 매력 넘치는 애피타이저 요리다.
아마도, 브루스게타를 만드는 순간! 이태리요리의 진수를 맛볼 수 있을 것이다.

Ready _ 1~2인분

바게트 빵 1개
토마토소스 방울토마토 6개,
양파(찹한 것) 2Ts, 올리브오일 2Ts,
꿀 1Ts, 식초 1Ts, 바질 잎 약간,
소금·후추 약간
새우크림소스 작은 새우나 중새우 12마리,
우유 7Ts, 생크림 5Ts, 양파(찹한 것) 3Ts,
소금·후추 약간, 이태리 파슬리 약간,
올리브오일 적당량
올리브소스 표고버섯 4개,
올리브오일 적당량, 소금·후추 약간,
그라나파다노 치즈 약간
마늘 기름 마늘 3개, 올리브오일 6Ts

Recipe

1 토마토소스를 만든다
방울토마토는 4등분해서 양파, 올리브오일, 꿀, 식초와 함께 섞고, 바질 잎과
약간의 소금·후추를 넣어 버무려둔다.

2 새우크림소스를 만든다
팬에 올리브오일을 적당히 뿌리고 양파를 볶다가 투명하게 익으면 우유, 생크
림을 넣고 살짝 끓인 뒤 소금과 후추로 간하며 농도를 걸쭉하게 조절한다.

3 새우크림소스에 새우를 넣고 익힌다
새우를 씻어서 건져놓은 뒤, ②에 넣고 살짝 익힌다. 새우 위에는 이태리 파슬
리를 잘게 썰어서 올린다.

4 올리브소스를 만들고 버섯을 볶는다
표고버섯을 슬라이스하고 팬에 올리브오일을 두른 뒤 볶는다. 소금·후추로
간하고 맨 위에 그라나파다노 치즈를 갈아서 올린다.

5 마늘 기름을 만든다
팬에 올리브오일을 충분히 두른 뒤 마늘을 으깨거나 슬라이스해서 넣고
볶는다. 이때 마늘 향이 기름에 살짝 밸 때까지 볶는다.

6 빵을 오븐에 굽는다
바게트 빵은 약간 도톰하게 어슷썰어 마늘 기름을 바르고 180℃로 예열
한 오븐에서 3~5분간 굽는다.

7 완성
준비된 3가지 소스를 구워진 바게트 빵 위에 각각 올리면 완성.

TRY THIS

1		3	4	5
2				

쇠고기된장구이

이 음식도 일본의 요리연구가 구리하라 하루미로부터 배운 일본 가정식이다.
그녀가 쓴 『잘 먹었습니다란 말을 듣고 싶어서』라는 책은 일본에서 100만 부 넘게 팔린 베스트셀러이기도 하다.
요리뿐만 아니라 웬만한 스타일링까지 척척 해내는 그녀에게 추종자들이 많은 건 당연한 일인지도 모른다.
한국에 돌아와서도 그녀의 음식이 자꾸 생각나는 걸 보면 말이다.

Ready _ 4인분

쇠고기 600g, 대파 2대, 양송이버섯 10개,
포도씨유 적당량
쇠고기 밑간 미소된장 1cup, 청주 1/2cup,
미림 1/2cup, 설탕 2Ts
참나물 무침 참나물 30g, 참기름 1/2Ts,
소금 1/2ts

Recipe

1 쇠고기를 재워둔다
쇠고기에 분량의 쇠고기 밑간 재료를 잘 바른 다음 냉장고에 하루 동안 숙성
시킨다. 이때 된장의 양으로 간을 조절한다.

2 재료를 손질한다
대파는 3cm 길이로 자르고, 양송이버섯은 기둥을 잘라둔다. 숙성시킨 쇠고기
는 대파의 길이에 맞춰 3cm길이로 잘라둔다.

3 꼬치를 만든다
쇠고기, 대파, 양송이버섯을 엇갈려가며 꽂는다.

4 꼬치를 굽는다
포도씨유를 두른 팬에 앞뒤로 적당히 굽는다.

5 완성
꼬치가 먹음직스럽게 구워지면 분량의 참나물 무침 재료를 버무려 함께
서빙한다.

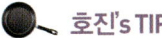 **호진's TIP**

· 쇠고기는 미리 잘라서 재워도 좋다.
· 나무 꼬치는 물에 적셔서 구워야 타지 않는다.
· 그릴에 구우면 맛도 모양도 더욱 좋다.

회덮밥

요리하는 사람 중에는 종종 레시피 공개를 꺼리는 이들이 있다. 다 알고 있는 조리법에 다 알고 있는
양념재료로 만드는 건데…. 요리에서 자기만의 특별한 비법이 있는양, 레시피를 공유하고 싶어하지 않는다.
내가 구리하라 하루미를 새롭게 보게 된 계기도 그녀가 즐거운 마음으로 사람들에게 레시피를 공개한다는 점이다.
나 역시, 원래 뭔가 감추고 숨기는 스타일이 아니라,
레시피를 숨기고 싶지 않다. 사람들이 다 알아도 상관없다.
샤아99에 와서 먹는 분위기가 특별하면 된다. 여기 소개하는 회덮밥도
구리하라 하루미가 알려준 요리다. 초고추장 대신에 간장과 고추냉이를 이용해서
회덮밥을 먹으면 더 깔끔하고 맛있다는 것을 알게 되었다. 일본 스타일의 회덮밥으로,
새로운 느낌과 맛을 원하는 분들에게 권한다. 각자의 개성을 마음껏 발휘할 수 있는 즐거운 요리다.

Ready _ 4인분

밥 4인분, 광어 150g, 참치 150g,
연어 150g, 달걀말이 1개(37쪽 참조),
오징어 몸통 1마리 분량, 시소잎 6장,
김 1장
소스 간장·고추냉이 적당량

Recipe

1 재료를 손질한다
광어, 참치, 연어, 달걀말이를 1.5cm 크기의 큐브 모양으로 손질한다. 시소잎
과 김은 칼을 이용해서 아주 얇게 채썬다. 오징어는 데친 후 1.5cm 크기의 큐
브 모양으로 썬다.

2 재료를 세팅한다
큰 접시에 밥을 퍼서 담고, 큐브 모양으로 자른 재료들을 위에 올린 뒤 시소
잎과 김을 마지막으로 올린다.

3 완성
고추냉이를 곁들인 간장을 인원수대로 종지에 담아 놓고, 회덮밥은 기호
에 따라 앞접시에 덜어 먹는다.

 호진's TIP

- 회의 양은 늘려도 좋다.
- 밥은 단촛물에 버무리면 더욱 맛이 좋다.

닭다리녹두죽

닭백숙을 누구나 좋아하지는 않는다. 솔직히 발라 먹기도 불편하고,
닭의 모든 부위를 다 좋아하는 것도 아니니까! 그래서 그중 제일 인기가 많은 닭다리를 이용해봤다.
녹두 대신 찹쌀을 이용하거나 녹두와 찹쌀을 섞어서 요리해도 상관없다.
이 요리는 일반적으로 한 마리 통백숙이 들어가는 것을
닭다리만 이용해서 단순하게 만든다는 게 포인트다. 한 마리 다 먹으면
칼로리가 높은 편인데, 닭다리만으로 요리하면 국물 맛도 너무 진하지 않고 가볍게 즐길 수 있다.
삼복더위에 정말 잘 어울리는 음식이다.

Ready _ 5~6인분

닭다리 12개, 녹두 5cup,
통마늘 20개, 황기 3뿌리, 대파 1대,
물 5.5L, 청주 3Ts, 소금·후추 약간

Recipe

1 재료를 손질한다

먼저, 닭다리는 찬물에 담가 핏물을 빼고, 녹두는 물에 불려둔다.

2 닭의 잡내를 제거한다

물 2L를 냄비에 넣어 끓이고 청주를 넣은 다음, 닭다리를 살짝만 넣었다가 금방 꺼내서 잡내를 제거한다.

3 닭다리를 삶는다

다시 냄비에 3.5L의 찬물을 받아 통마늘, 황기와 닭다리를 함께 넣고 푹 고아준다. 30~40분간 끓이는데, 국물이 뽀얗게 우러나면 닭과 황기를 건져낸다.

4 녹두죽을 끓인다

③의 국물에 불려둔 녹두를 넣고 끓이다가 죽 상태가 되면 닭다리를 넣고 끓인다.

5 완성

소금과 후추로 간하고 대파를 채썰어 올린 뒤 그릇에 낸다.

TRY THIS

스키야키

어릴 때 엄마는 항상 쇠고기를 사오시면 "스키야키 해 먹자~"고 하셨기 때문에, 성인이 돼서 찾아간
일식집에서 추호의 의심도 없이 '스키야키'를 시켰다가 엉뚱한 요리가 나와 당황했던 기억이 있다.
진짜 '스키야키'는 어릴 적 우리집에서 그냥 구워 먹던 '쇠고기 구이'가 아니었던 거다.
야키토리, 토리스키, 시오야키, 테판야키에 이르기까지
도대체 일본 요리에는 왜 그리 비슷한 발음들이 많은지….
엄마는 또 왜 하필 그걸 스키야키라고 불렀는지…. 아무튼 알고 보니 진짜 '스키야키' 맛도 훌륭했다.
엄마 덕분에 이름부터 귀에 익숙해진 '스키야키'를 소개한다.

Ready _ 4인분

스키야키용 쇠고기 600g,
버섯류(표고버섯, 송이버섯 등),
채소류(배추, 당근, 양파, 파, 쑥갓, 우엉 등),
두부 1/2모, 달걀 4개, 포도씨유 적당량
육수 가스오부시 다싯물 2cup, 간장 5Ts,
청주 3Ts, 설탕 3Ts

Recipe

1 채소와 고기를 볶는다
포도씨유를 살짝 두른 팬에 먹기 좋게 썬 채소, 두부, 버섯, 고기를 넣고 볶아
준다.

2 재료를 익힌다
①에 분량의 육수 재료를 섞어 조금씩 넣으면서 재료들을 살짝 익힌다.

3 완성
익힌 재료들을 풀어놓은 달걀에 찍어 먹는다.

 호진's TIP

• **가스오부시 다싯물 만들기** 찬물 1L에 손바닥만 한 다시마 1장을 넣고 끓기 시
작하면 다시마를 건진 뒤 가스오부시 1cup을 넣고 불을 끈다. 5분 뒤 가스오
부시를 거름망으로 건져내면 완성!
• 풀어놓은 날달걀에 찍어 먹는 것은 기호에 따라 간장소스나 샤브샤브소스로
대체해도 무방하다.

고추냉이크림새우

이 요리는 집에서 가끔씩 만들어 먹는다. 고추냉이를 넣어 만든 크림새우는 별미 느낌도 날뿐더러,
튀김요리치고 만드는 방법도 간단하기 때문이다. 요즘, 중식식당들마다
새우를 이용한 요리 중에서 NO.1을 차지할 만큼 인기 메뉴다.

Ready _ 3~4인분

대하 15개, 다진 쪽파 2Ts,
전분가루·튀김유 적당량
새우 밑간 화이트와인 3Ts,
소금·후추 약간
튀김옷 전분가루 3cup, 물 3cup
크림소스 마요네즈 10Ts, 고추냉이 2Ts,
연유 2Ts, 설탕 1Ts, 생크림(생략 가능) 1Ts,
소금·후추 약간

Recipe

1 튀김옷을 만든다
전분가루와 물을 1대 1 비율로 섞어 튀김옷을 만든다. 전분이 가라앉기까지
시간이 오래 걸리므로 요리하기 30분 전에 미리 만들어둔다.

2 새우 밑간을 한다
새우를 펼쳐놓고 분량의 새우 밑간 재료로 밑간한다.

3 크림소스를 만든다
분량의 크림소스 재료를 잘 섞어둔다.

4 새우를 튀긴다
밑간해둔 새우에서 배어나온 물은 따라 버린다. 새우를 살짝 전분가루에 묻힌
뒤 다시 ①의 튀김옷에 살짝 묻힌 다음 170℃의 튀김유에 두 번 튀겨낸다.

5 완성
튀긴 새우를 그릇에 담고 크림소스를 끼얹은 뒤, 위에 다진 쪽파를 흩뿌린다.

 호진's TIP

· 튀김옷의 전분가루와 물을 섞어 전분이 가라앉으면 물은 버리고 가라앉은 전분
만 사용한다.
· 크림소스에 들어가는 고추냉이는 생(生)고추냉이가 좋다.
· 생새우의 꼬리 부분에 뾰족한 곳이 물을 담아둔 물총 부분이다. 이 부분을 제거
하지 않고 기름에 넣으면 심하게 튀어 화상을 입을 위험이 있으니 새우를 밑간
하기 전에 꼭 제거하자!

TRY THIS

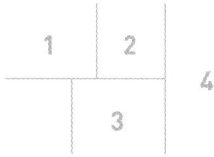

홍합찜

몇 해 전쯤 20명 정도 되는 친구들이 매달 한 번씩 와인파티를 한 적이 있다.
홍합찜은 와인과 잘 어울려서 그때 자주 만들어 먹던 메뉴다.
홍합찜에 있는 홍합 국물을 이용해
파스타를 만들어 먹으면 깔끔한 마무리도 할 수 있다.

Ready _ 4인분

홍합 500g, 양파 1/4개, 마늘 3개,
방울토마토 10개, 통페페론치니 7~8개,
화이트와인 1/2cup, 올리브오일 적당량,
이태리 파슬리 약간

Recipe

1 재료를 손질한다
홍합의 털을 깨끗이 제거한다. 양파는 찹하고, 마늘은 슬라이스해둔다. 방울
토마토는 2등분한다.

2 재료를 볶는다
올리브오일을 넉넉히 두른 팬에 슬라이스한 마늘을 넣고 마늘향을 우려낸 뒤,
찹한 양파를 넣는다. 양파의 매운 향이 없어지면 통페페론치니를 넣어 약불에
서 볶아준다.

3 홍합찜을 넣고 익힌다
②에 홍합을 넣고 볶다가 1~2개가 입을 열면 그때 화이트와인을 뿌려주고 방
울토마토를 넣은 뒤 뚜껑을 닫고 푹 익힌다.

4 완성
그릇에 담고, 이태리 파슬리를 올린다.

티본스테이크

스테이크는 쇠고기 마니아인 내가 좋아할 수밖에 없는 메뉴다.
꼭 클래식해야만 하는 음식이 몇 가지 있는데,
그건 모던이나 퓨전이 아닌 정통식을 고수해야만 한다.
그 중 하나가 바로 스테이크다.

Ready _ 3~4인분

티본 900g, 올리브오일 적당량,
드라이 바질·소금·후추·홀그레인
머스터드 약간
영양부추무침 영양부추 1줌,
간장소스(124쪽 참고) 2Ts, 통깨 1ts

Recipe

1 티본을 마리네이드한다
올리브오일을 쟁반에 두르고 티본을 올린 뒤 그 위에 또다시 올리브오일을
바른다. 드라이 바질, 소금, 후추를 골고루 뿌리고, 고기를 뒤집어서 한 번 더
똑같이 해준다. 이때 고기 옆부분도 꼼꼼히 챙겨 마리네이드하자.

2 굽는다
마리네이드한 티본을 팬에 올리고, 센 불에서 앞뒤로 2분가량 살짝 구운 뒤,
뚜껑 닫고 약불에서 천천히 익히면 속까지 다 익는다. 오븐을 사용한다면, 팬
에 1분씩 앞뒤로 구운 뒤 180℃로 예열한 오븐에 넣어 7~10분간 굽는다.

3 완성
영양부추무침, 소금, 홀그레인 머스터드와 곁들여 먹는다.

 호진's TIP

· 어떤 소스보다도 소금, 특히 천일염에 찍어 먹는 게 제일 담백
하고 맛있다.

삼겹살카나페

어느 날, 샤야 레스토랑에 앉아 어떤 요리를 할까 고민한 끝에 나온 요리다.
사실 삼겹살은 기름기가 많아서 내가 그리 좋아하는 부위가 아니지만,
삼겹살과 메밀은 잘 어울리는 음식이고 메밀전병의 담백함이
삼겹살의 느끼함을 잘 보완해준다. 직접 만들어보니 쫄깃하고 고소한 맛도 일품이었다.
삼겹살과 메밀에는 깨소스가 잘 어울릴 것 같아 흑임자소스를 만들어봤는데
먹어본 사람들의 반응이 매우 좋았다.

Ready _ 2~3인분

삼겹살 1cm 두께로 2덩이, 포도씨유 약간
삼겹살 밑간 레드와인 3Ts, 미림 1Ts,
드라이 바질 1ts, 소금 · 후추 약간
메밀전병 메밀가루 1cup, 물 2/3cup,
소금 1/2ts
흑임자소스 흑임자 3Ts, 간장 2Ts,
마요네즈 2Ts, 미림 1+1/2Ts, 식초 1Ts,
설탕 1Ts, 물엿 1Ts, 고추기름 1/2Ts

Recipe

1 삼겹살에 밑간을 한다
삼겹살은 분량의 삼겹살 밑간 재료로 밑간해둔다.

2 흑임자소스를 만든다
믹서기 혹은 절구에 흑임자소스 재료의 흑임자를 갈아서 준비한 뒤 나머지
흑임자소스 재료과 잘 섞어둔다.

3 메밀전병을 만든다
메밀가루에 소금을 넣고 물과 잘 섞어 반죽을 만든다. 팬에 포도씨유를 살짝
두르고, 메밀 반죽을 한숟갈씩 동그랗고 암전하게 올려 부친다.

4 삼겹살을 굽는다
밑간한 삼겹살을 기름 없는 팬에 한 점씩 올려 구워낸 다음, 메밀전병 위에
올릴 만한 크기로 썬다.

5 완성
메밀전병 위에 삼겹살을 올리고, 흑임자소스를 삼겹살 위에 떨어뜨리면 완성!

월남쌈

친구들이랑 웃고 떠들며 각자의 취향에 맞춰 셀프스타일로
먹을 수 있는 재밌는 요리다. 하지만, 선택권이 주어졌다고 해서 고기나
한 가지 재료 위주로만 싸 먹는 것은 보기 싫다. 이것저것 채소와 고기를 풍성하게 넣고 말아서
소스 찍어 한입 가득 베어물면 천국이 따로 없지 않은가.

Ready _ 4인분

라이스페이퍼 20장, 오이 1개, 당근 1개,
아보카도 1개(생략 가능),
파프리카(빨강, 노랑) 각 1개씩,
양상추 1/2개, 어린싹 100g,
차돌박이 300g, 맥주 1L
월남쌈소스 피시소스 1Ts, 칠리소스 3Ts,
파인애플주스 3Ts, 레몬즙 1Ts,
다진 청양고추 1Ts, 다진 마늘 1Ts

Recipe

1 채소를 손질한다

오이, 당근, 아보카도, 파프리카, 양배추, 어린싹 등 집에 있는 생채소를 모두
채썰어 접시에 둘러 담는다.

2 고기를 세팅한다

불 위에 맥주를 끓여놓고, 차돌박이를 익혀 먹을 준비를 해둔다.

3 라이스페이퍼 위에 재료를 올린다

더운 물에 라이스페이퍼를 살짝 넣었다 빼고 접시에 펼친 뒤, 생채소들을 취
향대로 라이스페이퍼 위에 올린다. 차돌박이는 끓고 있는 맥주에 넣었다가 빼
서 라이스페이퍼 위에 올린다.

4 월남쌈소스를 만든다

분량의 월남쌈소스 재료는 섞어둔다.

5 완성

라이스페이퍼 위에 재료를 다 올린 뒤 돌돌 말아 월남쌈소스에 찍어 먹는다.

 호진's TIP

• 맥주에 고기를 익히면 물에 익혀 먹는 것보다 맛이 더 좋다.

1	2	4	
	3		5

매운돼지불고기

매운돼지불고기는 돼지고기 요리 중에 내가 최고로 좋아하는 요리다.
밥에 올려서 돼지불고기덮밥을 만들어 먹을 수도 있고, 덜 짜게 해서 술안주로 해도 좋고,
두부와 곁들이면 소주안주로도 손색이 없다. 밥반찬에서 술안주까지, 말 그대로 '전천후 요리'다.

Ready _ 2~3인분

불고기용 돼지고기(얇게 썬 목살) 500g,
청양고추 1개, 당근 1/4개, 양파 1/4개
양념장 마늘 3개, 파 2Ts, 고춧가루 3Ts,
설탕 2Ts, 두반장 2Ts, 고추장 1Ts,
간장 1Ts, 미림 1Ts, 생강즙 1/2Ts,
후추 1/2Ts

Recipe

1 양념장을 만든다
양념장 재료의 마늘은 다지고 파는 가늘게 썰어 나머지 양념장 재료와 함께
잘 섞는다.

2 재료를 손질한다
청양고추는 잘게 다지고, 당근과 양파는 반달썰기한다. 돼지고기는 먹기 좋게
썬다.

3 양념장을 넣고 재워둔다
돼지고기와 채소에 양념장을 넣고 양념장이 잘 배이도록 손으로 조물조물한
뒤 2시간 정도 재워둔다.

4 완성
양념이 잘 배인 돼지고기를 팬에 볶는다.

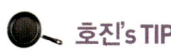 호진's TIP

• 주물럭의 포인트는 잘 주물러서 양념이 고루 배이도록 하는 것이다.

TRY THIS

1	2	3
	4	5

돼지불고기퀘사디아

매운돼지불고기를 응용한 아주 색다른 메뉴다.
우리 레스토랑의 열 가지 인기 메뉴 중 하나이기도 하다.
같이 일하는 주방의 종방이가 볶음요리를 굉장히 잘해서
가끔 오징어 같은 걸 사와 종방이에게 볶아달라고 해서 만들어 먹곤 한다.
돼지불고기퀘사디아도, 종방이가 만든 매운돼지불고기를 브리또로 표현해본 것인데,
샤야99를 오픈했을 그 무렵부터 지금까지 줄곧 인기 있는 샤야 대표 메뉴가 되었다.

Ready _ 2~3인분

매운돼지불고기(215쪽 참고),
또띠아 1장, 피자치즈 100g
달걀물 물 5Ts, 달걀 노른자 1개 분량
샐러드 루꼴라 100g, 크레송 30g,
올리브오일 1Ts, 소금 약간

Recipe

1 매운돼지불고기를 준비한다
215쪽의 레시피대로 매운돼지불고기를 만든다.

2 또띠아에 재료를 올린다
또띠아를 반으로 접었다가 다시 편 다음, 또띠아의 반쪽에 피자치즈를 듬뿍
담고 그 위에 매운돼지불고기를 올린다. 그 위에 다시 피자치즈를 올려서 또
띠아를 반으로 접는다.

3 달걀물을 발라 오븐에 굽는다
분량의 달걀물 재료를 잘 풀어 반달 모양의 또띠아 위에 바르고, 180℃로 예
열한 오븐에서 8분간 굽는다.

4 완성
잘 구워진 퀘사디아를 깨지지 않게 조심히 피자 모양으로 잘라 샐러드 재료
를 버무려 곁들여 낸다.

 호진's TIP

· 또띠아에 달걀물을 입혀서 구우면, 자를 때 쉽게 깨지지 않는다.

샤브샤브

샤브샤브는 굉장한 건강식이다. 채소와 고기를 최고의 건강조리법으로 먹을 수 있기 때문이다.

특히 샤브샤브는 누구나 좋아하는 음식이어서,
온가족이 모여서 먹을 때도 좋다.

파티 요리로도 간단하고 맛있게 만들어 먹을 수 있다.
재료 그대로의 맛을 즐길 수 있는 '샤브샤브'를 준비해보자.

Ready _ 3~4인분

샤브샤브용 쇠고기 600g, 멸치 다싯물 2L,
채소류(대파, 배추, 양파, 무, 양배추 등),
버섯류(표고, 양송이, 팽이, 새송이 등)
폰즈소스 간장 3Ts, 식초 2Ts, 레몬 1Ts,
다싯물 3Ts

Recipe

1 채소와 버섯을 준비한다
집에 있는 채소류를 꺼내 먹기 좋은 크기로 썰어두고 버섯류도 준비해둔다.

2 완성
멸치 다싯물을 끓이면서 재료들을 넣어 익힌다. 분량의 폰즈소스 재료를 섞어 익힌 쇠고기와 채소, 버섯을 찍어 먹는다.

 호진's TIP

· **멸치 다싯물 만들기** 물 2.5L에 멸치 2줌과 손바닥만 한 크기의 다시마 2장을 넣고 끓기 시작하면 다시마를 건져내고 완성되면 멸치를 건져낸다.

오렌지탕수육

나는 튀김을 좋아한다. 그래서 한때 몰두했던 요리가 탕수육이다.
특히 돼지고기 튀기는 일이 어려웠는데, 색깔이 좋으면 고기가 안 익고,
자칫 방심하면 튀김옷이 타버리곤 했다. 원래 일식에서도 튀김은 가장 마지막 단계에 있을 만큼
어려운 조리법이다. 나 역시 수많은 시행착오를 거쳐야만 했다.
물론 탕수육도 가장 클래식한 게 맛있지만, 정통식이 너무 단순한 것 같아서 오렌지를 섞어봤다.
20년 전, 홍대에 오렌지탕수육이 굉장히 유명한 중국집이 있었는데,
그때 먹었던 그 맛을 나만의 스타일로 재현해보았다.

Ready _ 3~4인분

돼지고기 300g, 양파 1/4개,
오렌지 과육 1개 분량,
전분가루 · 튀김유 적당량
돼지고기 밑간 간장 1/2Ts, 생강즙 1/2Ts,
미림 1/2Ts, 소금 · 후추 약간
튀김옷 물 2cup, 전분가루 2cup
소스 오렌지 제스트 3Ts, 설탕 5Ts,
식초 3Ts, 간장 1Ts, 소금 1/3ts,
물 1/4cup, 생강 1ts, 후추 1/2ts,
오렌지즙 30cc
전분물 물 1/2cup, 전분가루 2Ts

Recipe

1 고기를 밑간한다
돼지고기는 분량의 돼지고기 밑간 재료에 30분 동안 재운다.

2 채소와 튀김옷을 준비한다
양파는 채썰어놓는다. 분량의 튀김옷 재료는 30분 먼저 타놓는다.

3 튀김옷을 입힌다
밑간해둔 돼지고기에 전분가루를 조금 묻힌 뒤 튀김옷을 입힌다.

4 기름에 튀긴다
튀김옷을 입힌 고기를 170℃의 튀김유에 두 번 튀겨낸다.

5 소스를 만든다
팬에 분량의 소스 재료를 넣고 끓으면 채썬 양파와 오렌지 제스트를 넣은 뒤
분량의 전분물 재료를 섞어 1Ts씩 넣어가며 농도를 맞춘다. 센 불에서 약 1분
간 소스가 투명해질 때까지 가열한다.

6 완성
기름을 뺀 튀김에 소스와 오렌지 과육을 섞어 끼얹는다.

 호진's TIP

· 튀김옷의 전분가루와 물을 섞어 전분이 가라앉으면 물은 버리고 가라앉은 전분만 사용한다.
· 소스를 끼얹어서 먹기 때문에, 고기를 좀 더 바삭하게 하기 위해 2번 튀겨낸다.
· 오렌지 제스트는 직접 만들어서 써도 좋다. 오렌지를 깨끗이 씻고, 껍질을 얇게 자른다. 이때
  흰 부분은 최대한 제거하고, 얇게 채썰거나 잘게 칩한다.
· 오렌지 제스트를 만들고 남은 오렌지 과육은 칼집을 넣어 떠내고 ⑥번 과정에 넣는다. 과육
  을 떠내고 남은 오렌지는 ⑤번 과정에서 오렌지즙을 내서 쓴다.

바나나케이크

지호가 미국에 갔을 때 배워온 아주 간단하면서도 아이들이 좋아하는
영양간식이다. 저녁 때 만들어서 식혀뒀다가 아침에 우유나 커피 한 잔과
곁들여 먹으면 부드럽고 맛있는 케이크이다.
하지만, 효우는 지호가 맛있는 간식을 만들어주길 가만히 앉아서 기다리는 스타일이 아니다.
체험학습에 강한 효우는 당장 팔을 걷어붙인다. 자기가 보기에도 바나나케이크 만드는 게 쉬워 보였나보다.
케이크 만드는 과정에 효우가 참여한 날이면 솔직히 케이크 맛을 장담할 순 없다.
그래도 만드는 일과 맛보는 일이 모두 즐겁기에 바나나케이크는 가족파티 때 인기만점이다.

Ready _ 3~4인분

잘 익은 바나나(중간 크기) 3~4개,
녹인 버터 1/3cup,
밀가루(박력분) 1+1/2cup, 설탕 3/4cup,
달걀 1개, 바닐라 익스트렉트 1ts,
베이킹소다 1ts, 소금 · 버터 약간

Recipe

1 큰 볼에 재료들을 넣고 섞는다
볼에 바나나를 넣고 으깨준다. 녹인 버터를 넣은 다음 나무주걱으로 잘 섞는다. 설탕, 달걀 푼 것, 바닐라 익스트렉트, 베이킹소다, 소금을 넣고 열심히 저어 잘 섞는다.

2 재료를 팬에 넣는다
구워진 케이크를 쉽게 떼어낼 수 있도록 4인치 로프팬에 버터를 골고루 바른 뒤 섞어둔 재료들을 넣는다.

3 오븐에 굽는다
350℃로 예열한 오븐에서 약 1시간 구워낸다.

4 구워진 바나나케이크를 식힌다
잘 구워진 바나나케이크를 꺼내 선반에 올려 식힌다.

5 완성
완전히 식으면 케이크를 틀에서 분리해 슬라이스한 후 서빙한다.

 **지호's TIP**

- 바나나는 껍질이 거무스레해질 정도로 푹 익은 것을 사용해야 케이크가 더 부드럽다.
- 오븐에서 30분 정도 구운 뒤에 골고루 익을 수 있도록 케이크의 방향을 앞뒤로 바꿔준다.
- 케이크 반죽 위에 슬라이스한 아몬드나 초코칩을 뿌려서 오븐에 구워내면 색다른 맛을 낼 수 있다.

1
2
3 4

바나나춘권튀김

재밌는 것은, 함께 외국여행을 가더라도 건축가 눈에는 건축물만 보이고,
부동산업자에게는 땅이 먼저 눈에 들어오는 것처럼,
나에게는 음식이 먼저다. 그러니 자연스럽게 외국에 가면 먹는 것에 시간을 많이 투자하게 된다.
레스토랑과 맛있는 요리를 먼저 찾게 되고, 호텔방에서 TV를 틀어도 요리 프로그램을 찾아서 보게 된다.
심지어 백화점 지하식품부에서 시식하는 것도 즐기고, 길거리 음식도 놓치고 싶지 않다.
사실, 바나나춘권튀김도 홍콩에 놀러갔다가 TV에서 본 요리다. 너무 쉬워서 깜짝 놀라는 디저트다.
딸기는 안 될까? 안 된다. 바나나여야만 한다. 바나나는 수분이 적지만 딸기는 수분이 많아서 튀김에 적합하지 않다.
만일 딸기맛을 꼭 원한다면, 땅콩버터 대신 딸기쨈을 넣는 방법도 있다.

Ready _ 4인분

바나나 1개, 춘권피 1장, 초콜릿 4개,
땅콩버터 4ts, 튀김유 적당량

Recipe

1 재료를 준비한다

춘권피를 4등분하여 젖은 수건으로 덮어둔다. 바나나는 8조각 정도로 쫑쫑
썰어둔다.

2 모양을 만든다

춘권피 1/4장 위에 땅콩버터를 1ts가량 바르고, 썰어놓은 바나나 2조각을 올
린 뒤, 초콜릿 1개를 올리고 춘권을 말아 물을 묻혀가며 잘 봉해준다.

3 완성

튀김유에 살짝 튀겨내면 끝. 진짜 초간단 디저트! ^^

 호진's TIP

• 초콜릿은 블록으로 떨어지는 것이 좋다.

크림치즈케이크

사람들은 흔히 케이크를 만든다고 생각하면 베이킹에 필요한 도구들을 구입하느라 수선을 떨거나,
아니면 그게 귀찮아서 아예 만들기를 포기하곤 한다. 나는 기본적으로 형식에 얽매이지 않는 요리를 좋아한다.
'틀이 없으면 어때? 타파통에 비닐을 깔면 되지!' 하는 식으로 말이다.
모든 도구들이 있어야 할 필요가 없는, 하지만 맛은 너무나 훌륭한 음식들이 있다.
그중 대표적인 것이 '크림치즈케이크'다.
사용하는 도구들에 비해 터무니없이 맛이 좋다는 게 흠이라면 흠이다.

Ready _ 4인분

크림치즈 250g, 다이제스티브 250g,
플레인요거트 150g, 생크림 150g,
우유 90g, 설탕 90g, 녹인 무염버터 60g,
젤라틴 7g, 레몬 제스트 레몬 1개 분량,
레몬즙 2Ts, 말린 블루베리 10g,
설탕물 적당량

Recipe

1 시트를 만든다

다이제스티브를 믹서기에 갈거나 손으로 바순 후, 상온에서 녹인 무염버터를
믹서기에 넣고 다이제스티브와 함께 간다. 타파통에 비닐을 깔고, 갈아둔 다
이제스티브로 바닥을 채운다. 꼭꼭 다지면 너무 딱딱해지니까 옆에서 봐서 높
이가 일정하게만 다지면 된다.

2 우유를 데운다

우유에 설탕과 젤라틴을 넣고 설탕과 젤라틴이 녹을 정도로 살짝 데운다.

3 생크림과 크림치즈를 섞는다

생크림을 70% 정도 휘핑해놓고, 크림치즈와 섞은 다음 체에 내린 뒤 플레인
요거트를 섞는다.

4 재료를 잘 섞는다

③에 레몬즙을 짜 넣고 향을 내기 위해 레몬 제스트를 첨가해서 충실히 잘 섞
어준 뒤 ②를 넣고 섞는다.

5 블루베리를 시트 위에 올린다

말린 블루베리를 설탕물에 하루 정도 불려두었다가 다이제스티브 시트 위에
올린다.

6 완성

블루베리 위에 ④를 올리고, 냉장고에 4~5시간 동안 넣어둔다.

호진's TIP

• 레몬 제스트 만들기 역시 오렌지 제스트와 크게 다르지 않다. 요리하기 전에 모든 과일들을 깨끗이 닦아내야 하는
 건 기본이다. 소금물이나 식초물을 사용해서 레몬의 왁스칠 된 부분들을 깨끗이 씻어낸 뒤, 아주 얇은 표피만 갈아
 주는데, 그 이유는 흰 부분까지 두껍게 갈아내면 쓴맛이 나기 때문이다.
• 젤라틴을 사용하기 전에 미리 찬물에 담가두면 요리할 때 재료들과 잘 섞인다. 젤라틴은 오븐에 넣어 베이킹할 필
 요 없이 재료들을 서로 잡아주고 크림치즈를 굳게 한다.
• 치즈를 블렌더로 갈면 거품이 많이 생겨 구멍이 뽕뽕 뚫린 못난이 치즈 케이크가 탄생한다. 크림치즈를 섞을 때는
 조금 불편하더라도 체에 거르도록 한다.

TRY THIS

마음을 움직이는 테이블 연출법

나는 기본적으로 클래식한 스타일의 식기류를 선호하지만, 테이블 세팅할 때만큼은 크기에 제한을 두지 않는 편이다. 효우 얼굴크기만 한 와인잔을 사용하기도 하고, 크고 흰 접시에 음식을 담아내는 것도 좋아한다. 아기자기한 것보다는 투박하고 웅장한 게 좋다. 뭔가 크고 높은 식기들이 과한 느낌을 주기도 하지만, 그래서 더욱 특별한 느낌을 갖게 하는 것도 사실이다. 숟가락과 젓가락, 혹은 포크와 나이프를 세팅할 때는 직사각형 모양의 백색 도자기를 받침으로 쓰는데, 깔끔하고 정갈해 보인다.

다양한 모양의 투명한 유리컵을 사 모으는 취미도 있다. 색깔이 있는 것은 싫다. 내용물이 가감 없이 드러나는 게 좋다. 속이 보이는 아름다움이랄까! 물잔의 경우는 아예 작든가 큰 것으로 언밸런스한 스타일이 좋다. 점보와 미니의 만남은 언제나 작은 웃음을 동반한다. 정형화된 모든 것에서 벗어난 자유로운 발상으로 사람들과 사소한 즐거움 나누기! 이것이 김호진식 테이블 세팅이다.

물론 한식, 일식, 중식, 양식을 담는 세팅 요령은 조금씩 차이가 있다. 한식은 풍성한 느낌으로, 중식은 넓게 펴 담는 느낌으로, 양식은 정리된 느낌의 세팅이 중요하며, 일식은 색깔에 신경 써야 한다.

기본적인 세팅이 끝났다면, 이제는 아이디어로 승부를 봐야 한다. 사람들이 봤을 때 최소한 한 개 이상 재미를 느낄 수 있는 요소를 준비한다. 예를 들어, 손님의 특징을 보고 즉석에서 이름을 단 애피타이저를 만드는 거다. 'A의 조용함을 닮은 은행스프'라든가, 'B의 밝은 모습을 닮은 시금치 샐러드'처럼. 친한 친구들일 경우에는 좀 짓궂게, '성질 더러운 C를 닮은 매운 홍합찜'으로 표현하기도 한다. 개인적인 애정과 관심이 가득 담긴 요리에 감동받지 않을 사람은 없다.

식탁 위에 잔잔한 감동과 따뜻한 유머가 넘치도록 할 것! 즐거운 파티는 스토리 있는 요리에서 시작된다는 걸 잊지 말자.

즐거운 파티를 만들어줄 음료들

스테이크나 피자 같은 요리에 물과 와인만 어우러진다면, 기껏 마련한 파티 분위기를 망치기 딱 좋다.
시판되는 음료도 좋지만, 이왕이면 직접 만든 근사한 음료 한잔을 곁들이는 게 파티에 초대된 손님들에게
더 큰 감동과 즐거움을 줄 수 있으니까! 꼭 파티가 아니더라도 아래에 소개한 레시피 하나쯤 외워두면
분위기 내고 싶을 때 종종 써먹을 수 있을 것이다. 아래 소개한 레시피 분량은 모두 1잔 기준이다.

1 모히토

재료 애플민트 잎 10장, 라임웨지 4개, 럼 50ml, 탄산수 20ml, 라임주스 10ml, 설탕시럽 15ml, 얼음 약간
가니쉬 민트 잎 약간

1 잔에 애플민트를 넣고, 머들러를 이용해 머들링한다. 혹시 집에 머들러가 없다면 작은 홍두깨로 빻는다.
2 라임웨지를 짜서 ①에 넣고 얼음을 갈아 2/3 정도 채운다. 라임주스, 럼, 설탕시럽을 넣고 남은 부분을 탄산수로 채운 뒤 가니쉬를 올린다.

2 블랙 러시안

재료 보드카 60ml, 깔루아 40ml, 얼음 적당량

1 잔에 모든 재료를 넣고 가볍게 젓는다.

3 깔루아 밀크

재료 깔루아 50ml, 우유 150ml, 얼음 적당량

1 잔에 깔루아를 따른다.
2 우유를 조심해서 조금씩 부어준다. 우유와 깔루아의 밀도 차이로 층이 생기면 필요에 따라 얼음을 넣어 마신다.

4 마티니

재료 진(또는 보드카) 60ml, 드라이 베르못 40ml
가니쉬 올리브

1 잔에 진을 따른다.
2 드라이 베르못을 넣고 바 스푼으로 향이 날아가지 않게 조금씩 저어준다.
3 가니쉬를 올린다.

5 샹그리아

재료 오렌지 · 라임 각각 1개 분량, 탄산수 150ml, 레드와인 50ml, 오렌지주스 20ml, 설탕시럽 15ml
가니쉬 슬라이스한 오렌지 또는 바나나

1 오렌지와 라임을 슬라이스해서 큰 유리포트에 담는다.
2 레드와인, 오렌지주스, 탄산수, 설탕시럽을 유리포트에 따르고 냉장고에서 하루 동안 숙성시킨다.
3 가니쉬를 곁들여 낸다.

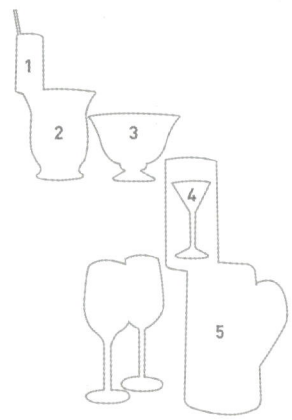

해장라면

라면을 잘 끓이고 싶다면, '물'에 주목하자.
알카리수, 심해수를 말하는 건가?
아니다. 좋은 물도 필요 없다.
수돗물이라도 물의 양을
정확히 지켜주면 일단 성공이다.
내가 아는 어떤 사람은 집에
500cc 맥주잔을 상비해두고,
황금비율로 끓인 라면으로
여자친구의 마음을 사로잡았다고 한다.
**원래 센스 있는 사람은
라면도 잘 끓인다!**
그중에서도 해장라면을~^^

Ready _ 1인분

라면 1개, 콩나물 1줌, 달걀 1개, 고춧가루 1ts

Recipe

1 콩나물을 끓인다
술기운에 콩나물 다듬을 기분은 아닐 테니, 찬물 넣은 냄비에 흐르는 물로 대충 씻은
콩나물을 넣고 뚜껑을 연 채로 끓인다.

2 라면을 끓인다
라면과 스프를 넣고 면이 다 익을 때까지 끓인다.

3 완성
날달걀을 '툭'하고 깨서 넣고(풀어지지 않게), 고춧가루를 풀어서 먹는다.

🍳 호진's TIP

- 해장라면을 끓일 때는 콩나물의 양에 따라 물의 양을 조절해야 한다.
- 콩나물을 끓일 때는 비린내가 나지 않도록 반드시 뚜껑을 열고 끓인다.
- 간간이 면발을 들어줘야 탱탱해진다.
- 무엇을 첨가하느냐에 따라 색다른 라면 맛을 즐길 수 있다.
  식초를 넣으면 상큼해지고, 오이를 넣으면 고소해지고, 마늘을 넣으면 부드러워지고, 파를 넣으면 시원해진다.
- 만일, 스프가 싫다면? 스프를 반만 넣고 된장(또는 고추장) 1ts을 풀어주면 담백하고 개운한 라면 맛을 즐길 수 있다.

북어국

술 마시고 내가 가장 많이 먹었던 음식이다.
강원도에서 황태 해장국을 먹으면
굉장히 건강해지는 느낌인데,
평창이나 용평 쪽에 스키 타러 갔다가
아침에 먹는 황태 해장국은
뭐라고 말할 수 없는 감동 그 자체다.

Recipe

1 재료를 준비한다
북어는 살짝 씻어 젖은 상태로 준비한다. 무와 두부는 비슷한 크기로 나박썬다.

2 젖은 북어를 볶는다
참기름을 적당히 두른 냄비에 젖은 북어를 넣고 달달 볶는다.

3 끓인다
북어가 어느 정도 볶아지면 물을 원래 물 양의 반만 붓고 뽀얗게 우러날 때까지 끓인다.

4 달걀을 푼다
달걀을 풀고 잘게 슬라이스한 대파와 잘 섞어둔다.

5 완성
나머지 물을 붓고 무와 두부를 넣어 한소끔 끓어오르면 소금 간하고, 달걀을 넣어 달걀이 다 익으면 완성.

 호진's TIP

- 달걀을 풀어서 파와 섞은 뒤 국이 끓을 때 숟가락으로 얌전히 떠 넣는다. 달걀이 국에서 너무 풀어지면 지저분하다.

Ready _ 2인분

북어 1줌, 물(국대접으로) 2그릇, 무 200g,
두부 1/2모, 달걀 1개, 대파 1/2대, 마늘 1ts,
참기름·소금 약간

Epilogue

10년 후 나는

작은 호기심에서 출발해서, 열정이 열망으로, 그리고 끝까지 가보자는 사명감까지!

내가 한눈팔지 않고 여기까지 올 수 있도록 이끌어준 게 무엇인지 생각해봤다.

한때는 사람들의 질문에 요리가 취미라고 답하곤 했다.

요리하는 게 즐겁다고.

나는 배우라는 직업이 있으니까.

여기까지가 좋았다.

작정하고 달려드는 것처럼 보이고 싶지 않았다. 아니, 요리 쪽으로 전업하듯 비치는 게 싫었는지 모른다.

전문가에 가까운 아마추어로서 평생을 요리 세계의 언저리를 배회할 수도 있었다.

그저 어디 가서 음식을 맛볼 때 어떤 재료와 양념들을 썼는지 맞춰보고,

지인들과 좋은 와인에 어울리는 음식을 찾아다닐 수도 있었다.

하지만, 스스로를 증명하고 싶었고, 열정을 인정받고 싶었다.

자격증을 딴다고 다 요리를 잘하는 건 아니지만,

적어도 공인받은 느낌은 나를 한동안 대견하게 여길 구실을 만들어주지 않을까?

자격증을 하나씩 딸 때마다 롤러코스터를 타듯 슬럼프를 재밌게 극복했다.

5년 가까운 세월을 바쳐 따낸 일곱 개의 조리사 자격증이 끝이라는 사실이 이제는 서운하기까지 하다.

여기서 멈추고 싶지 않은데, 때마침 요리 선생님으로부터 반갑고 설레는 소식을 들었다.

조리사 자격증의 마스터 단계인 '기능장' 시험이 있다는 거다.

기능장은 최고 수준의 숙련기술을 가진 자로 경력 10년 이상의 자격조건이 요구된다.

조리장의 단계에 도전해보고 싶어졌다. 가까운 미래에 이루어지진 않겠지만, 재밌을 것 같았다.

숫자상으로 10년은 까마득해보일지 몰라도, 샤야99에서 보내는 10년은 즐거울 것이다.

그때는 그 누구보다 준비된 오너셰프가 돼 있지 않을까?

언젠가 같이 요리하는 친구들에게 드라마 촬영보다 요리가 쉽다고 말한 적이 있다.

둘 다 체력적으로 힘든 일이기는 하지만, 며칠씩 밤샘작업을 해야 하는 촬영에 비해

요리는 나에게 상대적으로 쉽게 느껴졌는지도 모르겠다.

완성도 문제를 놓고 보면 단정 지어 말할 수 없겠지만, 어떤 분야든 알면 알수록

더 어려워지는 속성 때문일까? 아니면, 배우로서의 욕심이 더 커서일까?

아무튼 여전히 20년 차 배우생활이 1년 차 오너셰프의 생활보다 어려운 건 사실이다.

지금은 젊은 아빠겠지만, 아마도 10년 뒤에는 이삼십대 자녀를 둔 아빠 역할을 하고 있을 거다.

내가 완연한 중년 배우의 모습을 갖췄을 때쯤에는,

사람들이 내 연기를 보며 "김호진이 어렸을 때 참 잘생겼었는데…" 하면서

항상 김호진이라는 배우가 곁에 있어왔음을 기억해주길 바란다.

더 이상 반짝 인기에 일희일비하는 젊은 배우가 아니라,

브라운관에서 잠시 모습이 보이지 않더라도 좋은 작품을 준비하나보다 하며

시청자들이 믿고 기다려줄 수 있을 만큼의 관록 있는 배우로 안정된 연기를 보여주고 싶다.

더도 덜도 말고 사람들이 김호진이라는 배우가 있어서

행복하다는 느낌을 가질 수 있었으면 참 좋겠다.

지금, 바로 옥소를 만나보세요

www.oxomall.com

COOKING

ORGANIZATION

CLEANING

BATH

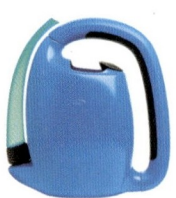

GARDENING